KB083265

열려라
심화
초등수학
5-1

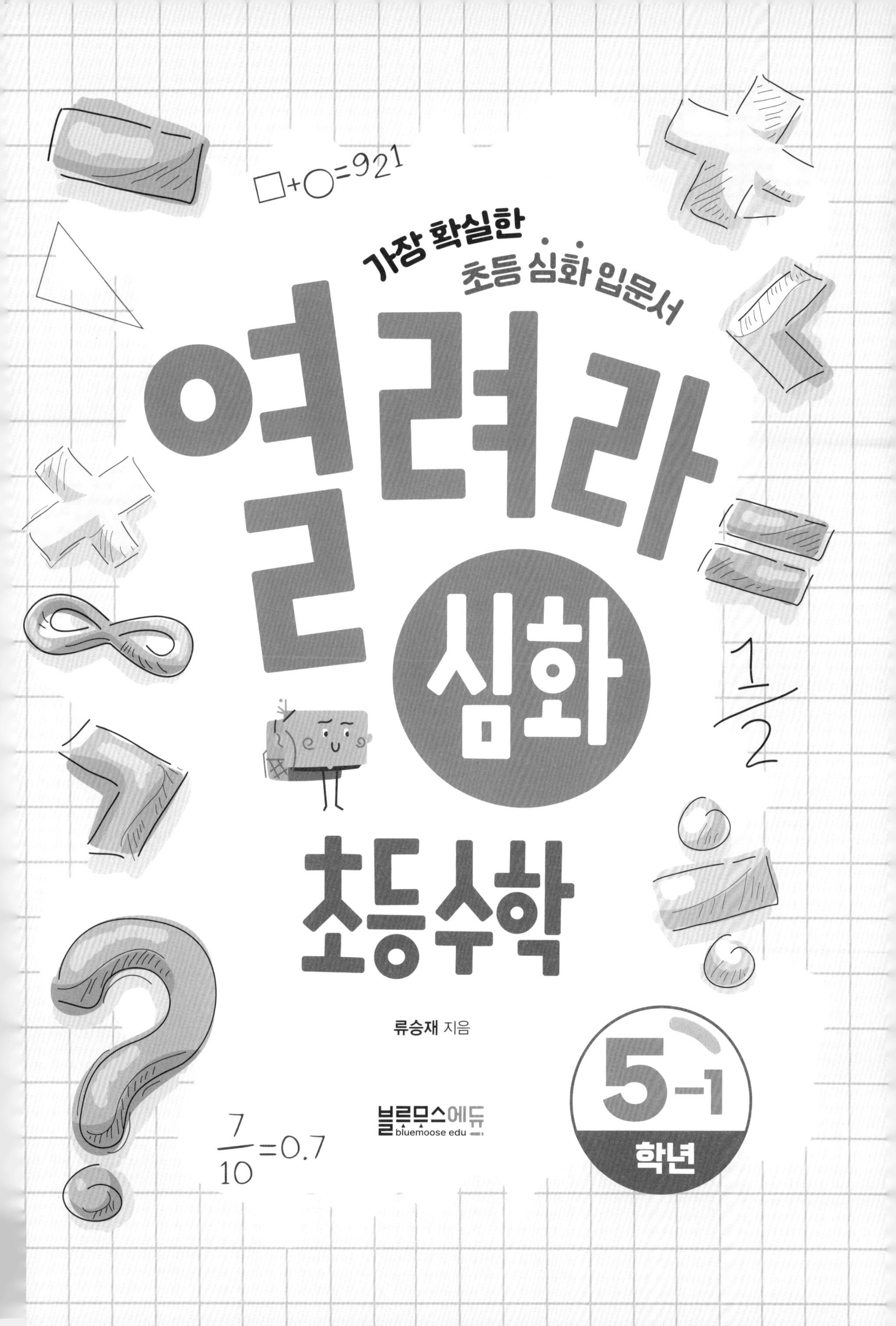
□+○=921
가장 확실한
초등 심화 입문서
열려라 심화
초등수학
1/2
류승재 지음
5-1
학년
블루무스에듀
bluemoose edu
7/10=0.7

누구나 심화 잘할 수 있습니다!
교재를 잘 만난다면 말이죠

이 책은 새로운 개념의 심화 입문교재입니다. 이 책을 다 풀면 교과서와 개념·응용교재에서 배운 개념을 재확인하는 것부터 시작해서 심화까지 한 학기 분량을 총정리하는 효과가 있습니다.

개념·응용교재에서 심화로의 연착륙을 돕도록 구성

시간과 노력을 들여 풀 만한 좋은 문제들로만 구성했습니다. 응용에서 심화로의 연착륙이 수월하도록 난도를 조절하는 한편, 중등 과정과의 연계성 측면에서 의미 있는 문제들만 엄선했습니다. 선행개념은 지금 단계에서 의미 있는 것들만 포함시켰습니다. 애초에 심화의 목적은 어려운 문제를 오랫동안 생각하며 푸는 것이기에 너무 많은 문제를 풀 필요가 없습니다. 또한 응용교재에 비해 지나치게 어려워진 심화교재에 도전하다 포기하거나, 도전하기도 전에 어마어마한 양에 겁부터 집어먹는 수많은 학생들을 봐 왔기에 내용과 양 그리고 난이도를 조절했습니다.

단계별 힌트를 제공하는 답지

이 책의 가장 중요한 특징은 정답과 풀이입니다. 전체 풀이를 보기 전, 최대 3단계까지 힌트를 먼저 주는 방식으로 구성했습니다. 약간의 힌트만으로 문제를 해결함으로써 가급적 스스로 문제를 푸는 경험을 제공하기 위함입니다.

이런 학생들에게 추천합니다

이 책은 응용교재까지 소화한 학생이 처음 하는 심화를 부담없이 진행하도록 구성했습니다. 즉 기본적으로 응용교재까지 소화한 학생이 대상입니다. 하지만 개념교재까지 소화한 후, 응용을 생략하고 심화에 도전하고 싶은 학생에게도 추천합니다. 일주일에 2시간씩 투자하면 한 학기 내에 한 권을 정복할 수 있기 때문입니다.

심화를 해야 하는데 시간이 부족한 학생에게도 추천합니다. 이런 경우 원래는 방대한 심화교재에서 문제를 골라서 풀어야 했는데, 그 대신 이 책을 쓰면 됩니다.

이 책을 사용해 수학 심화의 문을 열면, 수학적 사고력이 생기고 수학에 대한 자신감이 생깁니다. 심화라는 문을 열지 못해 자신이 가진 잠재력을 펼치지 못하는 학생들이 없기를 바라는 마음에 이 책을 썼습니다. 《열려라 심화》로 공부하는 모든 학생들이 수학을 즐길 수 있게 되기를 바랍니다.

류승재

• 차 례 •

이 책의 구성

들어가기 전 체크

✓ 개념 공부를 한 후 시작하세요

✓ 학교 진도와 맞추어 진행하면 좋아요

· 단원 ·

② 약수와 배수

기본 개념 테스트 | 아래의 기본 개념 테스트를 통과하지 못했다면, 교과서·개념교재·응용교재를 보며 이 단원을 다시 공부하세요!

1 약수의 뜻을 예를 들어 설명하세요.

2 배수의 뜻을 예를 들어 설명하세요.

· 기본 개념 테스트

단순히 개념 관련 문제를 푸는 수준에서 그치지 않고, 하단에 넓은 공간을 두어 스스로 개념을 쓰고 정리하게 구성되어 있습니다.

TIP 답이 틀려도 교습자는 정답과 풀이의 답을 알려 주지 않습니다. 교과서와 개념교재를 보고 답을 쓰게 하세요.

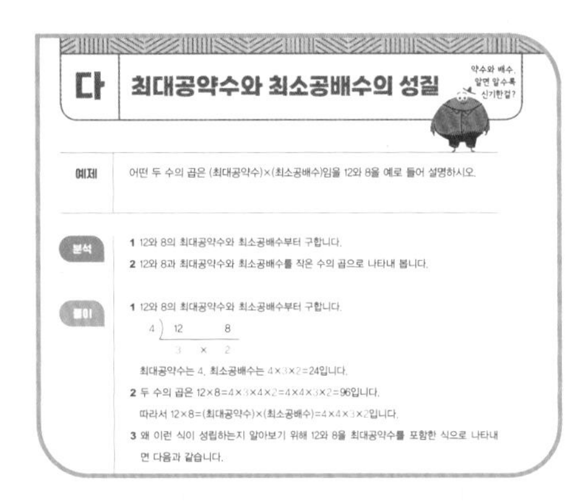

다 최대공약수와 최소공배수의 성질

예제 어떤 두 수의 곱은 (최대공약수)×(최소공배수)임을 12와 8을 예로 들어 설명하시오.

분석
1 12와 8의 최대공약수와 최소공배수부터 구합니다.
2 12와 8과 최대공약수와 최소공배수를 작은 수의 곱으로 나타내 봅니다.

풀이
1 12와 8의 최대공약수와 최소공배수부터 구합니다.
4) 12 8
3 × 2
최대공약수는 4, 최소공배수는 4×3×2=24입니다.
2 두 수의 곱은 12×8=4×3×4×2=4×4×3×2=96입니다.
따라서 12×8=(최대공약수)×(최소공배수)=4×4×3×2입니다.
3 왜 이런 식이 성립하는지 알아보기 위해 12와 8을 최대공약수를 포함한 식으로 나타내면 다음과 같습니다.

· 단원별 심화

가장 자주 나오는 심화개념으로 구성했습니다. 예제는 분석–개요–풀이 3단으로 구성되어, 심화개념의 핵심이 무엇인지 바로 알 수 있게 했습니다.

TIP 시간은 넉넉히 주고, 답지의 단계별 힌트를 참고하여 조금씩 힌트만 주는 방식으로 도와주세요.

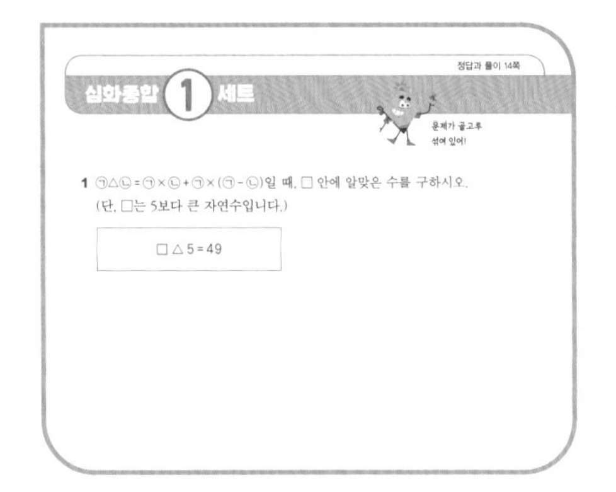

정답과 풀이 14쪽

심화종합 1 세트

1 ㉠△㉡=㉠×㉡+㉠×(㉠-㉡)일 때, □ 안에 알맞은 수를 구하시오.
(단, □는 5보다 큰 자연수입니다.)

□△5=49

· 심화종합

단원별 심화를 푼 후, 모의고사 형식으로 구성된 심화종합 5세트를 풉니다. 앞서 배운 것들을 이리저리 섞어 종합한 문제들로, 뇌를 깨우는 '인터리빙' 방식으로 구성되어 있어요.

TIP 만약 아이가 특정 심화개념이 담긴 문제를 어려워한다면, 스스로 해당 개념이 나오는 단원을 찾아낸 후 이를 복습하게 지도하세요.

- **실력 진단 테스트**

  한 학기 동안 열심히 공부했으니, 이제 내 실력이 어느 정도인지 확인할 때! 테스트 결과에 따라 무엇을 어떻게 공부해야 하는지 안내해요.

  TIP 처음 하는 심화는 원래 어렵습니다. 결과에 연연하기보다는 책을 모두 푼 아이를 칭찬하고 격려해 주세요.

실력 진단 테스트 정답과 풀이 23쪽

60분 동안 다음의 20문제를 풀어 보세요.

1 효주네 반은 6명씩 8모둠입니다. 귤은 1상자에 40개씩 6상자가 있습니다. 이 귤을 효주네 반 학생들에게 똑같이 나누어 주려면 한 명에게 몇 개씩 줄 수 있습니까? 하나의 식으로 나타내고 답을 구하시오.

- **단계별 힌트 방식의 답지**

  처음부터 끝까지 풀이 과정만 적힌 일반적인 답지가 아니라, 문제를 풀 때 필요한 힌트와 개념을 단계별로 제시합니다.

  TIP 1단계부터 차례대로 힌트를 주되, 힌트를 원한다고 무조건 주지 않습니다. 단계별로 1번씩은 다시 생각하라고 돌려보냅니다.

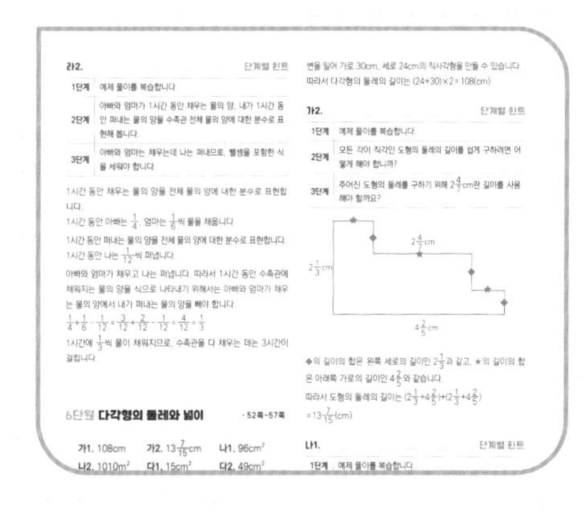

라2. 단계별 힌트

1단계	예제 풀이를 복습합니다.
2단계	아빠와 엄마가 1시간 동안 채우는 물의 양, 내가 1시간 동안 퍼내는 물의 양을 수족관 전체 물의 양에 대한 분수로 표현해 봅니다.
3단계	아빠와 엄마는 채우는데 나는 퍼내므로, 뺄셈을 포함한 식을 세워야 합니다.

1시간 동안 채우는 물의 양을 전체 물의 양에 대한 분수로 표현합니다.
1시간 동안 아빠는 $\frac{1}{4}$, 엄마는 $\frac{1}{6}$씩 물을 채웁니다.
1시간 동안 퍼내는 물의 양을 전체 물의 양에 대한 분수로 표현합니다.
1시간 동안 나는 $\frac{1}{12}$씩 퍼냅니다.
아빠와 엄마가 채우고 나는 퍼냅니다. 따라서 1시간 동안 수족관에 채워지는 물의 양을 식으로 나타내기 위해서는 아빠와 엄마가 채우는 물의 양에서 내가 퍼내는 물의 양을 빼야 합니다.
$\frac{1}{4}+\frac{1}{6}-\frac{1}{12}=\frac{3}{12}+\frac{2}{12}-\frac{1}{12}=\frac{4}{12}=\frac{1}{3}$
1시간에 $\frac{1}{3}$씩 물이 채워지므로, 수족관을 다 채우는 데는 3시간이 걸립니다.

6단원 **다각형의 둘레와 넓이** · 52쪽~57쪽

가1. 108cm **가2.** $13\frac{7}{15}$cm **나1.** 96cm²
나2. 1010m² **다1.** 15cm² **다2.** 49cm²

변을 옮겨 가로 30cm, 세로 24cm의 직사각형을 만들 수 있습니다.
따라서 다각형의 둘레의 길이는 (24+30)×2=108(cm)

가2. 단계별 힌트

1단계	예제 풀이를 복습합니다.
2단계	모든 각이 직각인 도형의 둘레의 길이를 쉽게 구하려면 어떻게 해야 합니까?
3단계	주어진 도형의 둘레를 구하기 위해 $2\frac{4}{7}$cm란 길이를 사용해야 할까요?

◆의 길이의 합은 왼쪽 세로의 길이인 $2\frac{1}{3}$과 같고, ★의 길이의 합은 아래쪽 가로의 길이인 $4\frac{2}{5}$와 같습니다.
따라서 도형의 둘레의 길이는 $(2\frac{1}{3}+4\frac{2}{5})+(2\frac{1}{3}+4\frac{2}{5})$
$=13\frac{7}{15}$(cm)

나1. 단계별 힌트

1단계	예제 풀이를 복습합니다.

＊어렵거나 헷갈리는 문제를 류승재 선생님이 직접 풀어 줍니다. 문제 밑 QR 코드를 찍어 보세요!

이 순서대로 공부하세요

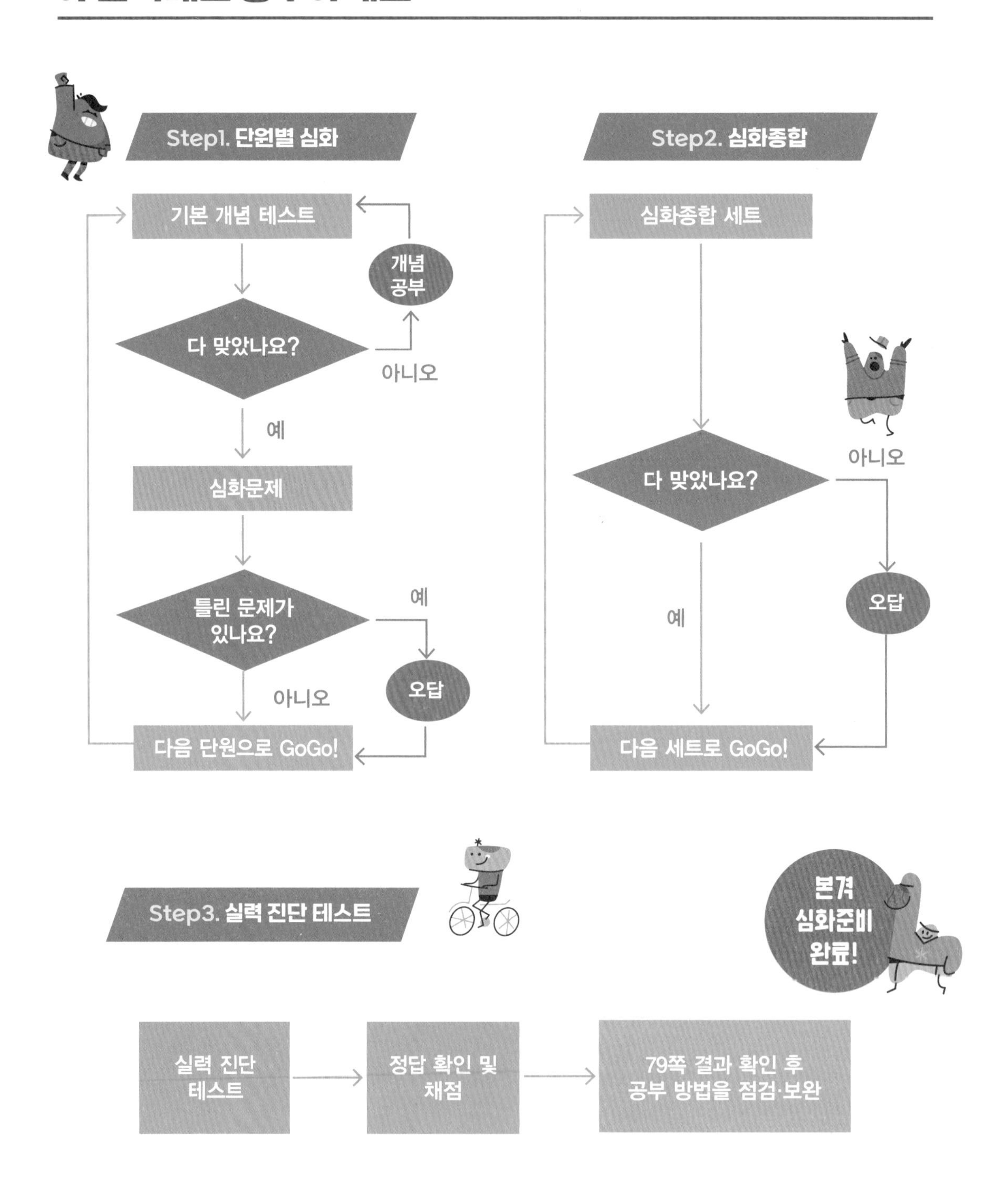

Step1. 단원별 심화
기본 개념 테스트
개념 공부
다 맞았나요?
아니오
예
심화문제
틀린 문제가 있나요?
예
오답
아니오
다음 단원으로 GoGo!
Step2. 심화종합
심화종합 세트
다 맞았나요?
아니오
오답
예
다음 세트로 GoGo!
Step3. 실력 진단 테스트
본격 심화준비 완료!
실력 진단 테스트
정답 확인 및 채점
79쪽 결과 확인 후 공부 방법을 점검·보완

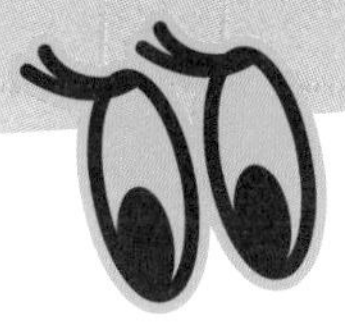

단원별 심화

· 단원 ·

① 자연수의 혼합 계산

아래의 기본 개념 테스트를 통과하지 못했다면,
교과서 · 개념교재 · 응용교재를 보며 이 단원을 다시 공부하세요!

1 **다음 식의 계산 순서를 쓰고 계산 결과가 맞는지 확인하세요.**

1) 18+9×5−8=55

2) (10+9)×5−8=87

3) 30+48÷2−25=29

4) (20+56)÷2−25=13

정답과 풀이 02쪽

2 다음 식의 계산 순서를 쓰고, 계산 결과를 비교하여 설명하세요.

1) $15+12\div3\times2-2$

2) $(15+12)\div3\times2-2$

3) $15+(12\div3\times2-2)$

4) $15+12\div(3\times2-2)$

가 식 만들기

예제 어떤 수를 4배로 만든 후, 18을 6으로 나눈 몫을 더했더니 7과 5의 곱과 같았습니다. 어떤 수를 구하시오.

분석

1 어떤 수를 □라고 놓고 식을 세워 봅니다.

2 주어진 문장을 사칙연산 기호를 이용해 계산식으로 표현합니다.

3 등식의 성질을 이용해 □를 구합니다.

풀이

어떤 수를 □라고 놓고 문제를 식으로 쓰면 다음과 같습니다.

$(\square\times4)+(18\div6)=7\times5$

$\rightarrow(\square\times4)+3=35$

$\rightarrow(\square\times4)+3=32+3$

$\rightarrow\square\times4=32$

따라서 □=8입니다.

가 1 사탕 746개를 남학생들은 12개씩, 여학생들은 18개씩 먹었더니 14개가 남았습니다. 여학생이 24명이라면 남학생은 몇 명인지 구하시오.

가 2 선우는 공책 5권과 연필 8자루를 사고 3000원을 냈더니 450원을 거슬러 받았습니다. 공책 1권이 270원이라면 연필 1자루의 값은 얼마인지 구하시오.

나 어떤 수 구하기

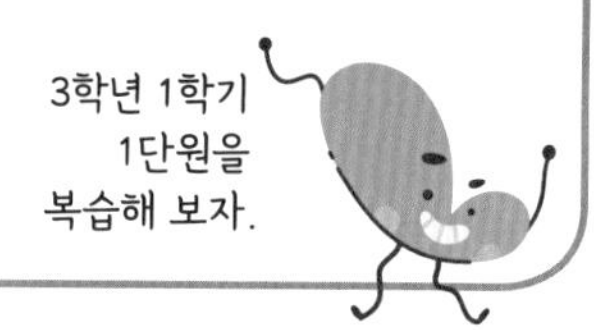

1. 등식의 성질: 양변에 똑같은 수를 더하거나, 빼거나, 곱하거나, 0이 아닌 수로 나누어도 등식은 성립합니다.
2. 연산의 역과정: 계산하기 전의 상태로 돌리는 것을 말합니다.

예제 $2+3\times\square=14$를 성립하게 하는 □에 들어갈 수를 구하시오. (등식의 성질과 연산의 역과정을 이용합니다.)

분석

1 혼합 계산식에서 어떤 수를 구해야 합니다.

2 다양한 방법으로 생각해 봅니다.

풀이

등식의 성질을 이용한 풀이는 다음과 같습니다.

$2+3\times\square=14$

→ $2+3\times\square-2=14-2$ (과정① : 양변에서 각각 2를 빼도 등식은 성립)

→ $3\times\square=12$

→ $(3\times\square)\div3=12\div3$ (과정② : 양변을 3으로 나누어도 등식은 성립)

→ $\square=4$

연산의 역과정을 이용한 풀이는 다음과 같습니다.

$2+3\times\square=14$

→ $3\times\square=14-2$ (과정① : $3\times\square$는 14보다 2만큼 작은 수)

→ $3\times\square=12$

→ $\square=12\div3$ (과정② : □는 12를 3으로 나눈 수)

→ $\square=4$

정답과 풀이 06쪽

□ 안에 들어갈 수를 구하시오.

$63-(\square+7)\div4=45$

나 2

□ 안에 들어갈 수를 구하시오.

$(77+\square)\div9\times4-3=37$

· 단원 ·

② 약수와 배수

+ − × ÷
기본 개념 테스트

아래의 기본 개념 테스트를 통과하지 못했다면,
교과서 · 개념교재 · 응용교재를 보며 이 단원을 다시 공부하세요!

1 약수의 뜻을 예를 들어 설명하세요.

2 배수의 뜻을 예를 들어 설명하세요.

3 12를 여러 가지 자연수의 곱으로 나타내고, 약수와 배수의 관계를 찾아서 설명하세요.

정답과 풀이 02쪽

4 공약수와 최대공약수가 무엇인지 예를 들어 설명하세요.

5 공배수와 최소공배수가 무엇인지 예를 들어 설명하세요.

6 최소공약수와 최대공배수를 구하지 않는 이유는 무엇인가요?

가 약수와 배수의 성질

약수와 배수의 관계

- 모든 수는 1과 자기 자신을 약수로 가집니다.
- 모든 수는 자기 자신을 배수로 가집니다.
- □=△×○에서 □는 △와 ○의 배수이고, △와 ○는 □의 약수입니다.

약수의 개수

- 약수의 개수는 보통 짝수 개입니다. 하나의 수는 서로 다른 두 수의 곱으로 표현할 수 있기 때문입니다.

  예) 18 → 1×18, 2×9, 3×6, 6×3, 9×2, 18×1 → 18의 약수는 1, 18, 2, 9, 3, 6
- 똑같은 수를 2번 곱한 수는 약수의 개수가 홀수 개입니다. 서로 다른 두 수의 곱으로 표현되지 않는 조합이 있기 때문입니다.

  예) 16 → 1×16, 2×8, 4×4, 8×2, 16×1 → 16의 약수는 1, 16, 2, 8, 4
- 1과 자기 자신으로밖에 나누어지지 않는 수의 약수의 개수는 2개입니다.

  예) 2, 3, 5, 7, 11, …

예제 다음 식을 보고 옳지 않은 것을 고르시오.

42=2×3×7

① 42는 42의 배수입니다.
② 1과 42는 42의 약수입니다.
③ 42의 약수를 모두 쓰면 2, 3, 7입니다.
④ 2×3과 3×7은 42의 약수입니다.
⑤ 42는 2×7과 2×3×7의 배수입니다.

나누어지지 않는 수로 곱셈식을 썼어.

분석

1 약수와 배수의 뜻과 성질을 숙지합니다.

2 42의 약수를 직접 구해 봅니다. 42의 약수를 여러 가지 곱셈식으로 나타낼 수 있습니다.

풀이

42의 약수를 모두 구하면 다음과 같습니다.

1, 2, 3, 7, 2×3, 2×7, 3×7, 2×3×7

① 42에 1을 곱하면 42가 나오므로 맞습니다.

② 42는 1과 42로 나누어떨어지므로 맞습니다.

③ 42는 2, 3, 7뿐만 아니라 1, 2×3, 2×7, 3×7, 그리고 42로도 나누어떨어집니다.

④ 2×3과 3×7로 42를 나눌 수 있으므로 맞습니다.

⑤ 2×7에 3을 곱하면 42가 되고, 2×3×7에 1을 곱하면 42가 나오므로 맞습니다.

옳지 않은 보기는 ③번입니다.

약수와 배수에 대한 설명 중 틀린 것을 고르시오.

① 1은 모든 자연수의 약수입니다.

② 모든 자연수는 적어도 2개의 약수를 가집니다.

③ 홀수 개의 약수를 가지는 수는 어떤 수를 2번 곱한 수입니다.

④ 모든 자연수는 자기 자신을 배수로 가집니다.

⑤ 모든 자연수는 자기 자신을 약수로 가집니다.

다음 식을 보고 옳지 않은 것을 고르시오.

□=7×11×13

① 7은 □의 약수입니다.

② □는 □의 배수입니다.

③ 3×□는 □의 배수입니다.

④ □는 4×□의 약수입니다.

⑤ □의 약수의 개수는 7개입니다.

어떤 수의 배수는
무수히 많지!

나 약수의 개수로 자연수 분류하기

예제

우리 반 학생은 25명입니다. 모든 학생은 자기 번호가 적힌 사물함을 가지고 있습니다. 모든 사물함의 문은 닫혀 있습니다. 1번 학생부터 자기 번호의 배수에 해당하는 사물함의 문이 닫혀 있으면 열고, 열려 있으면 닫습니다. 1번부터 25번 학생까지 이 방식대로 사물함의 문을 여닫았을 때, 열려 있는 사물함과 닫혀 있는 사물함은 각각 몇 개입니까?

분석

1 학생은 자기 번호의 배수에 해당하는 문만 건드릴 수 있습니다.

2 사물함 입장에서는 자기 번호의 약수에 해당하는 학생들이 문을 여닫는 셈입니다. 사물함의 번호별로 사물함의 문을 여닫을 수 있는 학생이 누구인지 찾아봅니다.

3 7개의 사물함과 7명의 학생으로 살펴봅니다. 문을 열면 ○, 닫으면 × 표시를 합니다.

학생＼사물함	1번	2번	3번	4번	5번	6번	7번
1번	○	○	○	○	○	○	○
2번		×		×		×	
3번			×			○	
4번				○			
5번					×		
6번						×	
7번							×
	열	닫	닫	열	닫	닫	닫

결과를 보면 처음에 닫혀 있던 사물함을 짝수 명의 학생이 여닫으면 닫혀 있는 상태로 끝나고, 홀수 명의 학생이 여닫으면 열려 있는 상태로 끝납니다.

개요

25개의 사물함과 25명의 학생

학생은 자기 번호의 배수만 여닫음(7번 학생: 7, 14, 21번 사물함)

사물함은 자기 번호의 약수가 건드림(6번 사물함: 1, 2, 3, 6번 학생)

열려 있는 사물함과 닫혀 있는 사물함의 개수는?

풀이

1 학생은 자신의 배수에 해당하는 사물함을 여닫습니다. 이를 사물함 입장에서 생각해 보면, 자기 번호의 약수인 학생들이 자신을 여닫습니다.

2 처음에 닫혀 있던 사물함이 열려 있으려면 홀수 명의 학생들이 사물함을 여닫아야 합니다. 즉 약수가 홀수 개인 사물함은 열린 채로 끝나고, 약수가 짝수 개인 사물함은 닫힌 채로 끝납니다.

3 약수가 홀수 개인 수는 같은 수를 2번 곱한 수입니다. 같은 수를 2번 곱한 수는 1, 4, 9, 16, 25로 5개입니다. 따라서 열려 있는 사물함은 5개, 계속 닫혀 있는 사물함은 20개입니다.

나 1 30에서 50까지의 수 중에서 약수가 2개뿐인 자연수의 개수를 구하시오.

나 2 두 자리 수 중에서 약수의 개수가 홀수인 수는 모두 몇 개입니까?

24번 사물함은
무려 8번이나
여닫히지.

다 최대공약수와 최소공배수의 성질

약수와 배수,
알면 알수록
신기한걸?

예제 어떤 두 수의 곱은 (최대공약수)×(최소공배수)임을 12와 8을 예로 들어 설명하시오.

분석

1 12와 8의 최대공약수와 최소공배수부터 구합니다.

2 12와 8과 최대공약수와 최소공배수를 작은 수의 곱으로 나타내 봅니다.

풀이

1 12와 8의 최대공약수와 최소공배수부터 구합니다.

$$\begin{array}{r|rr} 4 & 12 & 8 \\ \hline & 3 \quad \times & 2 \end{array}$$

최대공약수는 4, 최소공배수는 4×3×2=24입니다.

2 두 수의 곱은 12×8=4×3×4×2=4×4×3×2=96입니다.

따라서 12×8=(최대공약수)×(최소공배수)=4×4×3×2입니다.

3 왜 이런 식이 성립하는지 알아보기 위해 12와 8을 최대공약수를 포함한 식으로 나타내면 다음과 같습니다.

12=4×3, 8=4×2

12는 (최대공약수)×(남는 수)이고, 8은 (최대공약수)×(남는 수)입니다.

한편 최소공배수는 최대공약수에 남는 수들을 모두 곱해서 구할 수 있습니다.

따라서 두 수의 곱은 (두 수의 최대공약수)×(두 수의 최소공배수)와 같은 것입니다.

정답과 풀이 07쪽

다 1 어떤 두 수의 곱은 150이고, 최대공약수는 5입니다. 어떤 수의 최소공배수를 구하시오.

다 2 어떤 수와 24의 최대공약수가 4, 최소공배수가 120입니다. 어떤 수를 구하시오.

최대공약수와
최소공배수의
관계를 생각하면
당연한 공식이야!

라 배수 판정하기

어떤 수가 특정한 수의 배수인지 판정하는 법

2의 배수: 끝자리 수가 0이나 2의 배수인 수

4의 배수: 끝의 두 자리 수가 00이거나 4의 배수인 수

3의 배수: 각 자리 수의 합이 3의 배수인 수

9의 배수: 각 자리 수의 합이 9의 배수인 수

예제	2의 배수, 4의 배수, 3의 배수, 9의 배수를 판정하는 방법의 원리를 설명하시오.

분석

1 어떤 수의 배수는 어떤 수로 나누어떨어지며, 어떤 수의 배수끼리 더해도 어떤 수의 배수가 됩니다.

2 어떤 수는 자릿값에 나오는 숫자를 이용해 곱셈식으로 표현할 수 있습니다.

예를 들어 $275=2\times100+7\times10+5=2\times99+7\times9+(2+7+5)$입니다.

풀이

1 네 자리 수 (㉠㉡㉢㉣)은 다음과 같이 표현할 수 있습니다.

(㉠㉡㉢㉣)=㉠×1000+㉡×100+㉢×10+㉣

1000, 100, 10은 모두 2로 나누어떨어지므로, 일의 자리 수 ㉣이 2로 나누어떨어지면 네 자리 수 (㉠㉡㉢㉣)은 2의 배수입니다.

또한 1000, 100이 4로 나누어떨어지므로, 끝 두 자리 수 (㉢㉣)이 4로 나누어떨어지면 네 자리 수 (㉠㉡㉢㉣)은 4의 배수입니다.

2 네 자리 수 (㉠㉡㉢㉣)은 다음처럼도 표현할 수 있습니다.

(㉠㉡㉢㉣)=㉠×1000+㉡×100+㉢×10+㉣

=㉠×999+㉠+㉡×99+㉡+㉢×9+㉢+㉣

=㉠×999+㉡×99+㉢×9+(㉠+㉡+㉢+㉣)

999, 99, 9는 모두 3으로 나누어떨어지므로, (㉠+㉡+㉢+㉣)이 3으로 나누어떨어지면

네 자리 수 (㉠㉡㉢㉣)은 3의 배수입니다. 한편 (㉠+㉡+㉢+㉣)이 9로 나누어떨어지면 네 자리 수 (㉠㉡㉢㉣)은 9의 배수입니다.

라 1 숫자 카드 [9] [1] [4] [8] [2] 중 3장을 뽑아 한 번씩 사용하여 만든 세 자리 수 중에서 가장 큰 4의 배수와 가장 큰 9의 배수를 각각 구하시오.

라 2 4장의 숫자 카드 [4] [5] [6] [7] 중 3장을 뽑아 한 번씩만 사용해서 만들 수 있는 세 자리 수 중에서 가장 큰 6의 배수를 구하시오.

· 단원 ·

③ 규칙과 대응

기본 개념 테스트

아래의 기본 개념 테스트를 통과하지 못했다면,
교과서 · 개념교재 · 응용교재를 보며 이 단원을 다시 공부하세요!

1 두 양 사이의 관계를 구체적인 예를 들어 설명하세요.

2 자동차와 자동차 바퀴 수의 대응 관계를 식으로 나타내 보세요.

1) 표를 이용하여 나타내기

2) 곱셈식으로 나타내기

3) 나눗셈식으로 나타내기

정답과 풀이 03쪽

3 **생활 속에서 대응 관계를 찾아 식으로 나타내 보세요.**

가 다양한 대응 관계

예제 다음 대응 관계를 보고, 표의 빈칸을 채워 넣으시오.

1) □ → ○: ○=2×□+3

□	1	3	4	
○	5	9		17

2) □ → (○, ◇): ○=2×□, ◇=□+1

□	1		5	7
(○, ◇)	(2, 2)	(4, 3)		(14, 8)

3) (○, ◇) → □: □=2×○+3×◇

(○, ◇)	(1, 1)	(2, 2)	(3, 3)	(4, 4)
□		10	15	

식을 직접 쓰고
기호 대신 수를
대입해 봐.

4) (○, ◇) → (□, △): □=2×○, △=◇+1

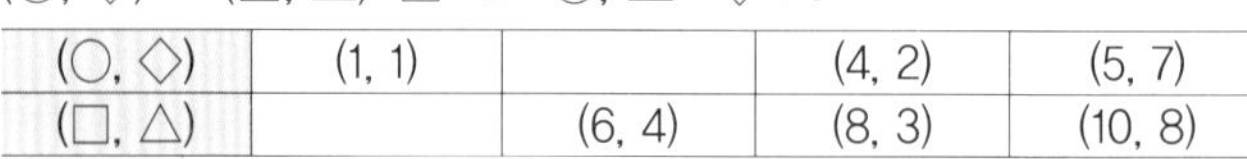

(○, ◇)	(1, 1)		(4, 2)	(5, 7)
(□, △)		(6, 4)	(8, 3)	(10, 8)

분석

1 기호 사이에 주어진 약속이 식으로 표현되어 있습니다.

2 주어진 값을 식에 대입해 또 다른 기호의 값을 찾아가야 하는 경우도 있습니다.

풀이

1) ○=2×□+3이므로 식에 값을 대입해 찾아봅니다.

□=4일 때 ○=2×4+3=11입니다.

○=17일 때 17=2×□+3 → □=7

□	1	3	4	7
○	5	9	11	17

2) ○=2×□, ◇=□+1이므로 식에 값을 대입해 찾아봅니다.

표 속 (4, 3)은 ○=4, ◇=3이라는 뜻입니다. 4=2×□이므로 □=2입니다.

한편 □=5일 때 ○=2×5=10, ◇=5+1=6입니다.

□	1	2	5	7
(○, ◇)	(2, 2)	(4, 3)	(10, 6)	(14, 8)

3) □=2×○+3×◇이므로 식에 값을 대입해 찾아봅니다.

표 속 (1, 1)은 ○=1, ◇=1이라는 뜻입니다. 따라서 □=2×1+3×1=5입니다.

한편 (4, 4)은 ○=4, ◇=4이므로 □=2×4+3×4=20입니다.

(○,◇)	(1, 1)	(2, 2)	(3, 3)	(4, 4)
□	5	10	15	20

4) □=2×○, △=◇+1이므로 식에 값을 대입해 찾아봅니다.

표 속 (1, 1)은 ○=1, ◇=1이라는 뜻입니다. 따라서 □=2×1=2, △=1+1=2

한편 (6, 4)는 □=6, △=4라는 뜻입니다. 따라서 6=2×○이므로 ○=3, 4=◇+1이므로 ◇=3입니다.

(○, ◇)	(1, 1)	(3, 3)	(4, 2)	(5, 7)
(□, △)	(2, 2)	(6, 4)	(8, 3)	(10, 8)

가 1 기호 □, △, ○ 사이가 다음 관계를 만족할 때, 물음에 답하시오.

△=○+3, □=2×△

1) ○=6일 때 □의 값을 구하시오.

2) □=6일 때 ○의 값을 구하시오.

가 2 (○, ◇) → □: □=2×○+3×◇를 만족합니다. □=20을 만족하는 (○, ◇)를 모두 구하시오. (단, ○과 ◇는 모두 자연수입니다.)

나 두 기호 사이의 관계를 식으로 만들기

예제

두 기호 사이의 관계를 쓴 식을 '관계식'이라고 불러.

다음 표를 보고, □와 ○ 사이의 관계를 식으로 쓰시오.

1)

□	1	2	3	4	…
○	5	7	9	11	…

2)

□	2	4	6	8	…
○	5	11	17	23	…

분석

1 □가 1씩 혹은 2씩 늘어날 때 ○가 얼마씩 늘어나는지 구해 봅니다.

2 얼마씩 늘어났는지 알아냈으면 식을 세워 봅니다.

3 늘어나는 양뿐만 아니라 □와 ○의 차이가 중요합니다. 이를 참고해 식을 세웁니다.

풀이

1) □가 1씩 늘어날 때 ○가 2씩 늘어납니다.

따라서 같은 수만큼 커지도록 하면 ○=2×□ 꼴로 표현할 수 있습니다.

그런데 □가 1일 때 ○가 5이므로 식에 3을 더해 줘야 합니다.

따라서 ○=2×□+3

2) □가 2씩 늘어날 때 ○가 6씩 늘어납니다.

따라서 같은 수만큼 커지도록 하면 ○=3×□ 꼴로 표현할 수 있습니다.

그런데 □가 2일 때 ○가 5이므로 식에서 1만큼 빼 줘야 합니다.

따라서 ○=3×□−1

정답과 풀이 08쪽

나 1 다음 표는 □와 ○의 관계를 나타낸 것입니다. □=20일 때, ○의 값을 구하시오.

□	1	2	3	4	…
○	3	8	13	18	…

나 2 어떤 기계에 30을 넣으면 4, 50을 넣으면 6, 70을 넣으면 8이 나옵니다. 이때 다음 물음에 답하시오.

1) 넣은 수를 □, 나온 수를 ○라고 할 때, 두 기호 사이의 관계를 나타내는 식을 구하시오.

2) 이 상자 안에 200을 넣으면 어떤 수가 나올지 구하시오.

·단원·

4 약분과 통분

＋ － × ÷

기본 개념 테스트

아래의 기본 개념 테스트를 통과하지 못했다면,
교과서·개념교재·응용교재를 보며 이 단원을 다시 공부하세요!

1 $\frac{2}{3}$와 $\frac{4}{6}$의 크기를 그림을 그려 비교하세요. 어느 것이 더 큽니까?

2 기약분수가 무엇인지 구체적인 예를 들어 설명하세요.

3 통분이 무엇인지 구체적인 예를 들어 설명하세요.

4 **통분을 이용하여 서로 다른 두 분수의 크기를 비교하는 방법을 쓰세요.**

5 **$\frac{1}{4}$과 0.2의 크기를 비교하세요.**

1) 분수를 소수로 바꾸어 비교하기

2) 소수를 분수로 바꾸어 비교하기

가 □의 배수 또는 ○의 배수의 개수 구하기

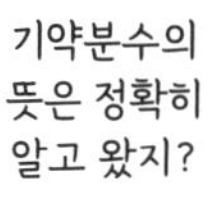

□ 또는 ○의 배수의 개수

(□의 배수의 개수)+(○의 배수의 개수)−(□와 ○의 공배수의 개수)

예) 30 이하의 수에서 3 또는 5의 배수의 개수를 구하는 법

3의 배수: 3, 6, 9, 12, 15, 18, 21, 24, 27, 30 → 10개

5의 배수: 5, 10, 15, 20, 25, 30 → 6개

3과 5의 공약수: 15, 30 → 2개

3 또는 5의 배수: 3, 5, 6, 9, 10, 12, 15, 18, 20, 21, 24, 25, 27, 30 → 14개

30 이하의 수에서 3 또는 5의 배수의 개수: 10+6−2=14(개)

예제	$\frac{\square}{50}$ 꼴의 진분수 중에서 기약분수의 개수를 구하여라.

분석

1 기약분수란 분모와 분자의 공약수가 1뿐인 분수입니다.

2 50과 공약수가 1밖에 없는 수를 찾아서 분자에 놓으면 그 분수는 기약분수입니다.

3 50=2×2×5이므로, 2 또는 5의 배수를 제외한 수가 분자에 올 수 있습니다.

4 2 또는 5의 배수의 개수는 (2의 배수의 개수)+(5의 배수의 개수)−(2와 5의 공배수의 개수)입니다.

풀이

$\frac{\square}{50}$는 진분수이므로 □에 들어갈 수 있는 수는 1부터 49까지입니다.

50=2×5×5이므로, $\frac{\square}{50}$가 기약분수가 되려면 2 또는 5의 배수를 제외한 수가 분자에 올 수 있습니다.

2의 배수는 짝수이므로 2부터 48까지 24개, 5의 배수는 5부터 45까지 9개입니다. 그런데 2와 5의 공배수인 10의 배수 4개가 있습니다. 따라서 49까지 2 또는 5의 배수의 개수는 24+9−4=29(개)입니다.

그러므로 □에 들어갈 수 있는 수의 개수는 2 또는 5의 배수인 29개의 수를 제외한 20개입니다.

따라서 기약분수가 될 수 있는 $\frac{\square}{50}$ 꼴의 분수의 개수는 20개입니다.

가 1 $\frac{\square}{100}$ 꼴의 진분수 중에서 약분을 할 수 있는 분수의 개수를 구하시오.

가 2 $\frac{\square}{147}$ 꼴의 진분수 중에서 기약분수의 개수를 구하시오.

나 분모와 분자의 합이나 차가 주어지는 경우

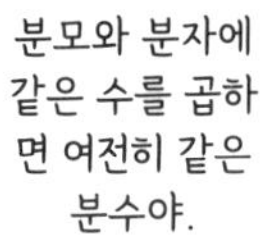

예제 다음 물음에 답하시오.

1) 분모와 분자의 합이 100이고, 기약분수로 나타내면 $\frac{1}{3}$인 분수를 구하여라.

2) 분모와 분자의 차가 100이고, 기약분수로 나타내면 $\frac{1}{3}$인 분수를 구하여라.

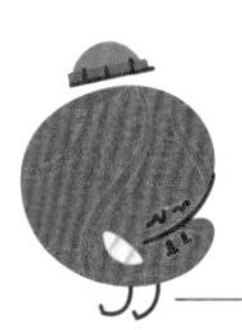

분석

1 구하고자 하는 분수와 $\frac{1}{3}$은 같은 분수입니다.

2 분모와 분자에 같은 수를 곱해도 같은 분수입니다.

3 주어진 분수의 분모와 분자의 합 또는 차를 문제의 조건과 같게 만듭니다.

4 곱해야 하는 수를 □로 놓고 식을 세워 봅니다.

풀이

1) $\frac{1}{3}$의 분모와 분자에 동일한 수를 곱해 분모와 분자의 합이 100이 되게 만들면 됩니다.
즉 $\frac{1\times□}{3\times□}$의 분모와 분자의 합이 100이므로, $3\times□+1\times□=100$입니다. $4\times□=100$이므로 $□=25$고, 분모와 분자에 25를 곱하면 분모와 분자의 합이 100이 됩니다.
즉 $\frac{1}{3}=\frac{1\times25}{3\times25}=\frac{25}{75}$

2) $\frac{1}{3}$의 분모와 분자에 동일한 수를 곱해 분모와 분자의 차가 100이 되게 만들면 됩니다.
즉 $\frac{1\times□}{3\times□}$의 분모와 분자의 차가 100이므로, $3\times□-1\times□=100$입니다. $2\times□=100$이므로 $□=50$이고, 분모와 분자에 50을 곱하면 분모와 분자의 차가 100이 됩니다.
즉 $\frac{1}{3}=\frac{1\times50}{3\times50}=\frac{50}{150}$

팁

$\frac{1}{3}$의 분모와 분자의 합은 4입니다. 따라서 분모와 분자의 합이 100인 수를 구하려면 4에 어떤 수를 곱해 100이 되면 됩니다. 즉 $4\times□=100$이므로 $□=25$입니다. $\frac{1}{3}$의 분모와 분자에 25를 곱해 답을 구합니다.

한편 $\frac{1}{3}$의 분모와 분자의 차는 2입니다. 따라서 분모와 분자의 차가 100인 수를 구하려면 2에 어떤 수를 곱해 100이 되면 됩니다. 즉 $2\times□=100$이므로 $□=50$입니다. $\frac{1}{3}$의 분모와 분자에 50을 곱해 답을 구합니다.

나 1 분모와 분자의 합이 80이고, 기약분수로 나타내면 $\frac{3}{7}$인 분수를 구하여라.

나 2 분모와 분자의 차이가 80이고, 기약분수로 나타내면 $\frac{3}{7}$인 분수를 구하여라.

분모에 □를
곱하면 분자에도
□를 곱해야 해.

다 분모와 분자에 같은 수를 더하거나 빼는 경우

창의력이
쪼끔 필요하지.

예제

생각하자,
생각!

다음 물음에 답하시오.

1) $\frac{49}{67}$의 분모와 분자에 같은 수를 더해서 $\frac{7}{9}$과 같은 수를 만들려고 합니다. 분모와 분자에 얼마를 더하면 됩니까?

2) $\frac{37}{61}$의 분모와 분자에서 같은 수를 빼서 $\frac{4}{7}$와 크기가 같은 수를 만들려고 합니다. 분모와 분자에서 얼마를 빼면 됩니까?

분석

1 분모와 분자에 같은 수를 더하거나 빼도 분모와 분자의 차는 일정합니다. 따라서 주어진 분수들의 분모와 분자의 차를 각각 구한 후, 두 분수의 분모와 분자의 차를 같게 만들려면 어떤 수를 더하거나 빼야 하는지 살펴보면 됩니다.

2 분모와 분자에 같은 수를 곱하거나 나누어도 분수의 크기는 처음과 같습니다. 예를 들어 $\frac{3}{6}$의 분모와 분자의 차를 18로 만들기 위해서는 분모와 분자에 6을 곱해 $\frac{18}{36}$로 만듭니다. $\frac{18}{36}$은 $\frac{3}{6}$과 같은 분수입니다.

풀이

1) $\frac{49}{67}$의 분모와 분자의 차는 18이고, $\frac{7}{9}$의 분모와 분자의 차는 2입니다. 따라서 $\frac{7}{9}$의 분모와 분자에 9를 곱해 분모와 분자의 차를 18로 만듭니다. 즉 $\frac{7}{9}=\frac{7\times9}{9\times9}=\frac{63}{81}$입니다. $(81-63=18)$

$\frac{49}{67}$와 $\frac{63}{81}$은 분모와 분자의 차가 18로 같으므로, $\frac{49}{67}$의 분모와 분자에 같은 수를 더해서 $\frac{63}{81}$을 만들 수 있습니다. $\frac{63}{81}=\frac{49+14}{67+14}$이므로, 답은 14입니다.

2) $\frac{37}{61}$의 분모와 분자의 차는 24이고, $\frac{4}{7}$의 분모와 분자의 차는 3입니다. 따라서 $\frac{4}{7}$의 분모와 분자에 8을 곱해 분모와 분자의 차를 24로 만듭니다. 즉 $\frac{4}{7}=\frac{4\times8}{7\times8}=\frac{32}{56}$입니다.

$\frac{37}{61}$과 $\frac{32}{56}$는 분모와 분자의 차가 24로 같으므로, $\frac{37}{61}$의 분모와 분자에 같은 수를 빼서 $\frac{32}{56}$를 만듭니다. $\frac{37-5}{61-5}=\frac{32}{56}$이므로, 답은 5입니다.

다 1 $\frac{35}{59}$의 분모와 분자에 같은 수를 더해서 $\frac{7}{10}$과 같은 수를 만들려고 합니다. 분모와 분자에 얼마를 더하면 될까요?

다 2 $\frac{35}{59}$의 분모와 분자에서 같은 수를 빼서 $\frac{2}{5}$와 같은 수를 만들려고 합니다. 분모와 분자에서 얼마를 빼면 될까요?

이 문제가
어려운 이유는…
그냥
어렵기 때문이지!

· 단원 ·

⑤ 분수의 덧셈과 뺄셈

기본 개념 테스트

아래의 기본 개념 테스트를 통과하지 못했다면,
교과서 · 개념교재 · 응용교재를 보며 이 단원을 다시 공부하세요!

1 분모가 다른 진분수의 덧셈을 그림을 이용하여 계산하는 방법을 예를 들어 설명하세요.

2 분모가 다른 진분수의 덧셈을 분모의 최소공배수를 이용하여 통분한 후 계산하는 방법을 예를 들어 설명하세요.

3 분모가 다른 진분수의 뺄셈을 분모의 곱을 이용하여 통분한 후 계산하는 방법을 예를 들어 설명하세요.

정답과 풀이 04쪽

4 **분모가 다른 대분수의 덧셈 $1\frac{2}{3}+2\frac{3}{4}$을 다음의 방법으로 설명하세요.**

1) 자연수는 자연수끼리, 분수는 분수끼리 더해서 계산하기

2) 대분수를 가분수로 고쳐서 계산하기

5 **분모가 다른 대분수의 뺄셈 $3\frac{1}{3}-1\frac{3}{4}$을 다음의 방법으로 설명하세요.**

1) 자연수는 자연수끼리, 분수는 분수끼리 빼서 계산하기

2) 대분수를 가분수로 고쳐서 계산하기

가 분수를 서로 다른 단위분수의 합으로 나타내기

단위분수

단위분수란 분자가 1인 분수를 말합니다. 어떤 분수를 단위분수의 합으로 나타내려면, 분모의 약수로 분자를 표현해야 합니다. 그러면 분모와 분자를 약분하여 분자를 1로 만들 수 있습니다.

예제

이집트에서는 단위분수를 나타낸 '분수표'를 사용했어.

$\frac{11}{16}$을 서로 다른 3개의 단위분수의 합으로 나타내려 합니다.

$$\frac{11}{16}=\frac{1}{\square}+\frac{1}{\square}+\frac{1}{\square}$$

□ 안에 들어갈 자연수들의 합을 구하시오.

분석

1 주어진 분수를, 분모의 약수인 분수들의 덧셈식으로 만듭니다. 그러려면 분자인 11이 16의 약수들의 덧셈식으로 표현되는지 살펴봐야 합니다.

2 16의 약수는 1, 2, 4, 8, 16입니다.

3 11=1+2+8입니다.

풀이

주어진 분수를 단위분수의 합으로 만들려면 분모와 분자가 약분되어 분자가 1이 되도록 만들어야 합니다. 그러려면 분모의 약수로 분자를 표현해야 합니다.

11을 16의 약수인 1, 2, 4, 8, 16 중 3개의 합으로 표현할 수 있는지 살펴봅니다.

11=1+2+8이므로, $\frac{11}{16}=\frac{1}{16}+\frac{2}{16}+\frac{8}{16}$로 표현 가능합니다.

따라서 $\frac{11}{16}=\frac{1}{16}+\frac{2}{16}+\frac{8}{16}=\frac{1}{16}+\frac{1}{8}+\frac{1}{2}$

□ 안에 들어갈 자연수들은 16, 8, 2이므로 합은 16+8+2=26입니다.

가 1 $\frac{5}{6}$를 서로 다른 단위분수의 합으로 나타내는 과정입니다. 빈칸에 알맞은 수를 넣으시오.

1) $\frac{5}{6}=\frac{\square}{6}+\frac{\square}{6}=\frac{1}{\square}+\frac{1}{\square}$

2) $\frac{5}{6}=\frac{10}{12}=\frac{\square}{12}+\frac{\square}{12}+\frac{\square}{12}=\frac{1}{\square}+\frac{1}{\square}+\frac{1}{\square}$

3) $\frac{5}{6}=\frac{10}{12}=\frac{\square}{12}+\frac{\square}{12}+\frac{\square}{12}+\frac{\square}{12}=\frac{1}{\square}+\frac{1}{\square}+\frac{1}{\square}+\frac{1}{\square}$

가 2 $\frac{3}{4}$을 서로 다른 3개의 단위분수의 합으로 나타내시오. (단, 두 가지 이상의 방법을 사용하시오.)

단위분수로 표현하면 양을 알아보기 쉬워.

나 부분분수

부분분수의 공식

부분분수의 공식을 사용해 큰 숫자를 작게 만들면 계산이 편리해집니다.

어떤 분수를 부분분수로 고치는 방법은 다음과 같습니다.

$\frac{\bigcirc}{\square\times\triangle}=\frac{\bigcirc}{\triangle-\square}\times(\frac{1}{\square}-\frac{1}{\triangle})$ (단, $\triangle>\square$)

예) 통분 후 연산: $\frac{1}{3}-\frac{1}{8}=\frac{8}{24}-\frac{3}{24}=\frac{5}{24}$

부분분수: $\frac{5}{24}=\frac{5}{3\times8}=\frac{5}{8-3}\times(\frac{1}{3}-\frac{1}{8})=\frac{1}{3}-\frac{1}{8}$

예제	$\frac{1}{10\times11}+\frac{1}{11\times12}$의 값을 구하시오.

분석

1 부분분수의 원리는 통분의 역연산입니다. 즉 통분 전으로 분수를 고치는 것입니다.

2 부분분수의 공식은 $\frac{\bigcirc}{\square\times\triangle}=\frac{\bigcirc}{\triangle-\square}\times(\frac{1}{\square}-\frac{1}{\triangle})$입니다. (단, $\triangle>\square$)

3 분모를 곱셈식으로 고친 후 공식에 대입해야 하는데, 이미 분수들의 분모가 곱셈식으로 표현되어 있습니다.

풀이

분모가 각각 10×11, 11×12입니다. 이를 부분분수의 공식에 대입해 봅니다.

$\frac{1}{10\times11}+\frac{1}{11\times12}=\frac{1}{11-10}\times(\frac{1}{10}-\frac{1}{11})+\frac{1}{12-11}\times(\frac{1}{11}-\frac{1}{12})$

$=\frac{1}{1}\times(\frac{1}{10}-\frac{1}{11})+\frac{1}{1}\times(\frac{1}{11}-\frac{1}{12})$

$=\frac{1}{10}-\frac{1}{11}+\frac{1}{11}-\frac{1}{12}=\frac{1}{10}-\frac{1}{12}$

$=\frac{6}{60}-\frac{5}{60}$

$=\frac{1}{60}$

정답과 풀이 10쪽

팁 부분분수를 손에 익히기 위해서 검산하여 확인해 봅니다.

$$\frac{1}{10}-\frac{1}{11}=\frac{11}{110}-\frac{10}{110}=\frac{1}{110}=\frac{1}{10\times11}$$

$$\frac{1}{11}-\frac{1}{12}=\frac{12}{132}-\frac{11}{132}=\frac{1}{132}=\frac{1}{11\times12}$$

나 1 부분분수를 이용해 다음을 계산하시오.

$$\frac{1}{2}+\frac{1}{6}+\frac{1}{12}+\frac{1}{20}+\frac{1}{30}$$

나 2 부분분수를 이용해 다음을 계산하시오.

$$\frac{2}{1\times3}+\frac{2}{3\times5}+\frac{2}{5\times7}+\frac{2}{7\times9}$$

다 분수의 합과 차가 주어지는 경우

□만큼 차이 나려면
한쪽이 다른 쪽에
얼마를 줘야 할까?

예제 합이 $3\frac{5}{7}$이고, 차가 $1\frac{3}{7}$인 두 수를 구하여라.

분석

1 두 수의 합과 차가 주어졌습니다.

2 □만큼 차이가 나게 하려면 한쪽이 다른 쪽에 $\frac{\square}{2}$만큼 주면 됩니다. 즉, 합의 절반에 차의 절반을 더하고 뺍니다.

풀이

$3\frac{5}{7}=\frac{26}{7}$이고, $1\frac{3}{7}=\frac{10}{7}$입니다.

$\frac{26}{7}$의 절반 $\frac{13}{7}$에 $\frac{10}{7}$의 절반인 $\frac{5}{7}$를 각각 더하고 뺍니다.

(큰 수)$=\frac{13}{7}+\frac{5}{7}=\frac{18}{7}$ (작은 수)$=\frac{13}{7}-\frac{5}{7}=\frac{8}{7}$

두 수는 $\frac{18}{7}$, $\frac{8}{7}$입니다.

다른 풀이

두 수를 □, △라고 놓고 다음과 같이 식을 세웁니다.

$\square+\triangle=\frac{26}{7}$ $\square-\triangle=\frac{10}{7}$

$\square+\triangle=\square+\triangle+(\triangle-\triangle)=\triangle+\triangle+(\square-\triangle)=\triangle+\triangle+\frac{10}{7}=\frac{26}{7}$

$\triangle+\triangle+\frac{10}{7}=\frac{16}{7}+\frac{10}{7}$이므로 $\triangle+\triangle=\frac{16}{7}$

따라서 $\triangle=\frac{8}{7}$입니다.

$\square+\triangle=\frac{26}{7}$이므로 $\square+\frac{8}{7}=\frac{26}{7}$

따라서 $\square=\frac{18}{7}$

다 1 합이 $3\frac{3}{5}$이고 차가 $1\frac{1}{5}$인 두 수를 구하여라.

다 2 ㉠ + ㉡ = $2\frac{5}{12}$, ㉠ - ㉡ = $1\frac{3}{4}$일 때, ㉠과 ㉡을 각각 구하시오. (단, ㉠과 ㉡은 기약분수입니다.)

라 일 문제

예제

흠, 단위분수로 만들어야겠군!

어떤 일을 혼자서 끝내는 데 다혜는 6시간, 하늬는 12시간, 시헌이는 20시간이 걸립니다. 다혜와 하늬가 함께 2시간 동안 일을 하고 나머지 일을 시헌이 혼자 마무리했다면, 시헌이가 일을 한 시간은 얼마입니까?

분석

1 똑같은 일을 끝내는 시간이 다 다르므로, 기준을 시간이 아닌 일의 양으로 둡니다.

2 1시간 동안 하는 일의 양을 구해 봅니다. 어떤 일을 혼자서 끝내는 데 다혜는 6시간이 걸리므로, 어떤 일을 1이라고 하면 다혜가 1시간 동안 하는 일의 양은 $\frac{1}{6}$입니다.

3 문제에 나온 대로 덧셈식을 세워 봅니다.

풀이

1 1시간 동안 한 일의 양을 분수로 표현해 봅니다.

(다혜가 한 일)$=\frac{1}{6}$, (하늬가 한 일)$=\frac{1}{12}$, (시헌이 한 일)$=\frac{1}{20}$

2 (1시간 동안 다혜와 하늬가 한 일)$=\frac{1}{6}+\frac{1}{12}=\frac{2}{12}+\frac{1}{12}=\frac{3}{12}=\frac{1}{4}$

3 (2시간 동안 다혜와 하늬가 한 일)$=\frac{1}{4}\times 2=\frac{1}{2}$

4 (다혜와 하늬가 하고 남은 일)$=1-\frac{1}{2}=\frac{1}{2}$

5 시헌이가 전체 일을 혼자서 끝내는 데 20시간이 걸리므로, 남은 $\frac{1}{2}$의 일을 끝내는 데 10시간이 걸립니다.

정답과 풀이 10쪽

라 1 어떤 일을 혼자서 끝내는 데 아빠는 4시간, 엄마는 6시간, 나는 12시간이 걸립니다. 아빠와 엄마가 1시간 동안 일을 하고, 나머지 일을 나 혼자 마무리했습니다. 내가 일을 한 시간을 구하시오.

라 2 수족관에 물을 가득 채우는 데 아빠는 4시간, 엄마는 6시간, 나는 12시간이 걸립니다. 한편 물이 가득 찬 수족관에서 물을 퍼내는 데 아빠는 4시간, 엄마는 6시간, 나는 12시간이 걸립니다. 텅 빈 수족관에 아빠와 엄마가 동시에 물을 채우고, 나는 물을 퍼낸다면 수족관에 물이 가득 차는 데 걸리는 시간은 얼마입니까?

1시간을 기준으로
일의 양을
표현하면 편해.

· 단원 ·

6 다각형의 둘레와 넓이

기본 개념 테스트

아래의 기본 개념 테스트를 통과하지 못했다면,
교과서 · 개념교재 · 응용교재를 보며 이 단원을 다시 공부하세요!

1 **정다각형, 직사각형, 마름모, 평행사변형의 둘레의 길이를 구하는 방법을 설명하세요.**

2 **넓이를 나타낼 때 사용하는 단위를 설명하세요.**

1) $1cm^2$

2) $1m^2$

3) $1km^2$

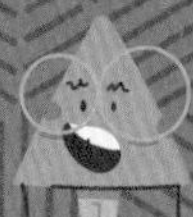

정답과 풀이 04쪽

3 **직사각형의 넓이를 구하는 방법을 설명하세요.**

4 **다음 도형의 넓이를 구하는 방법을 그림을 그려 설명하세요.**

1) 직사각형의 넓이를 이용하여 평행사변형의 넓이 구하기

2) 평행사변형의 넓이를 이용하여 삼각형의 넓이 구하기

3) 직사각형의 넓이를 이용하여 마름모의 넓이 구하기

4) 평행사변형의 넓이를 이용하여 사다리꼴의 넓이 구하기

가 직각으로 이루어진 도형의 둘레의 길이

가로를 이루는 선분과 세로를 이루는 선분이 서로 수직이면 선분을 밀어 큰 직사각형을 만들 수 있습니다. 기존 도형과 새로 만든 직사각형은 둘레의 길이가 같습니다.

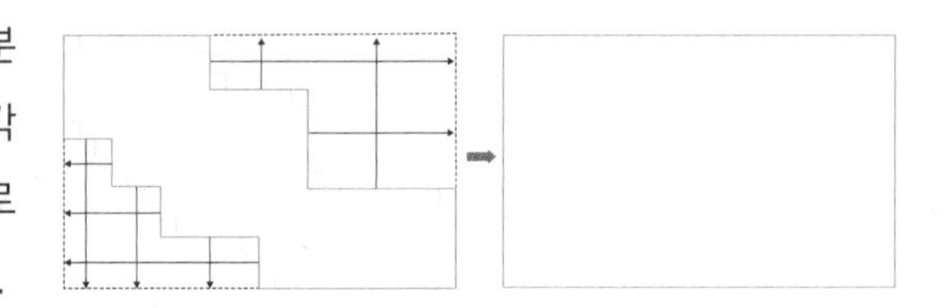

예제

복잡해 보여도
겁부터 먹지 마.

크기가 같은 작은 정사각형 여러 개를 붙여 피라미드 모양의 도형을 만들었습니다. 이 도형의 둘레의 길이가 200cm일 때, 작은 정사각형의 한 변의 길이를 구하시오.

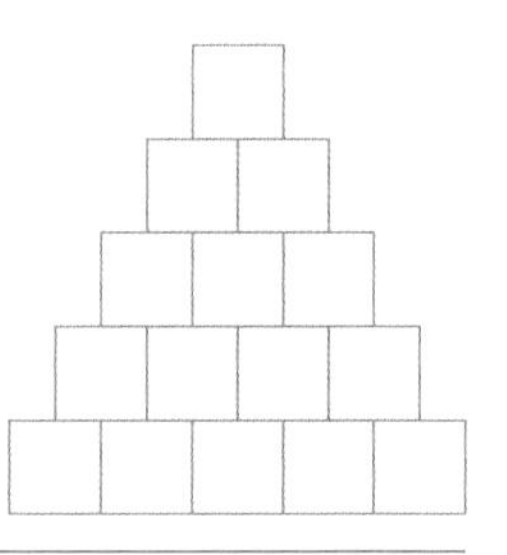

분석

1 직각으로 둘러싸인 도형의 둘레의 길이를 구하는 문제입니다.

2 정사각형은 모든 각의 크기가 직각입니다.

3 따라서 주어진 도형의 변들을 밀어서 직사각형을 만들어 봅니다.

풀이

주어진 도형을 둘러싸는 직사각형을 그립니다. 직사각형의 가로와 세로는 작은 정사각형 5개의 변의 길이와 같습니다. 따라서 주어진 도형을 둘러싸는 직사각형은 가로와 세로의 길이가 같으므로 정사각형입니다.

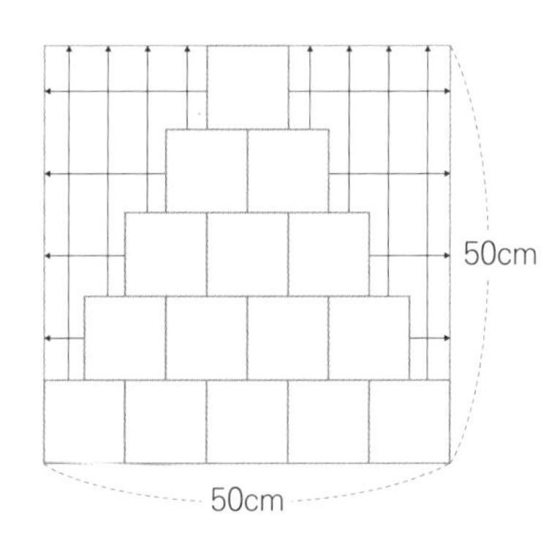

주어진 도형의 둘레의 길이가 200cm입니다.

따라서 주어진 도형을 둘러싸는 정사각형의 한 변의 길이는 $200 \div 4 = 50$(cm)입니다.

큰 정사각형의 한 변에 작은 정사각형이 5개 들어가므로, 작은 정사각형의 한 변의 길이는 $50 \div 5 = 10$(cm)입니다.

정답과 풀이 12쪽

가 1 다음 다각형의 둘레의 길이를 구하시오. (단, 모든 가로와 세로는 서로 수직입니다.)

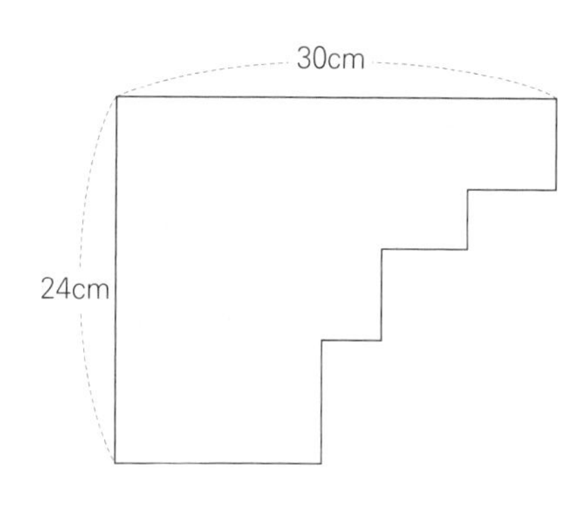

가 2 다음 도형의 둘레의 길이를 구하시오. (단, 모든 가로와 세로는 서로 수직입니다.)

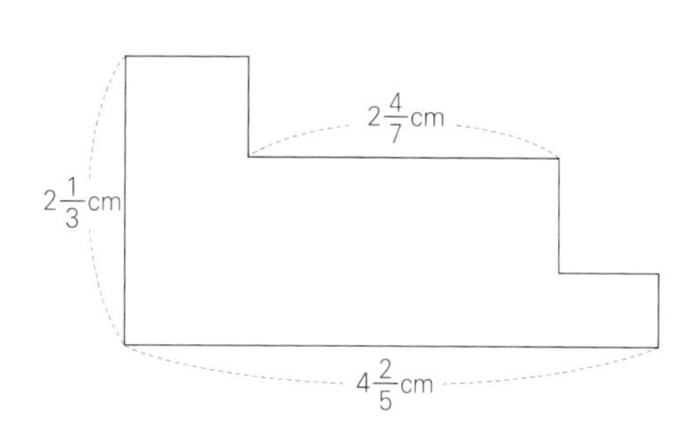

나 도로를 제외한 부분의 넓이 구하기

예제

직접 종이를 잘라서 확인해도 좋아!

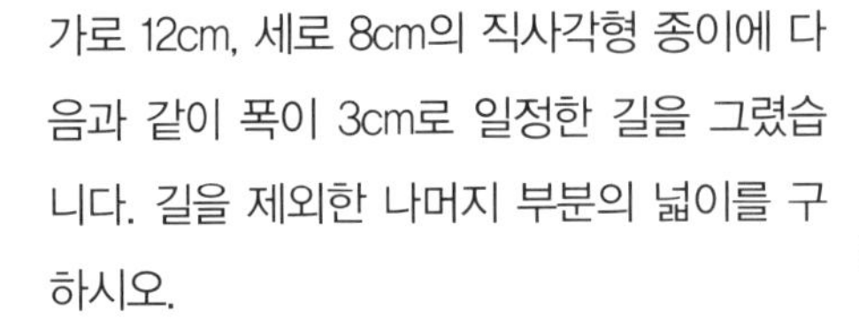

가로 12cm, 세로 8cm의 직사각형 종이에 다음과 같이 폭이 3cm로 일정한 길을 그렸습니다. 길을 제외한 나머지 부분의 넓이를 구하시오.

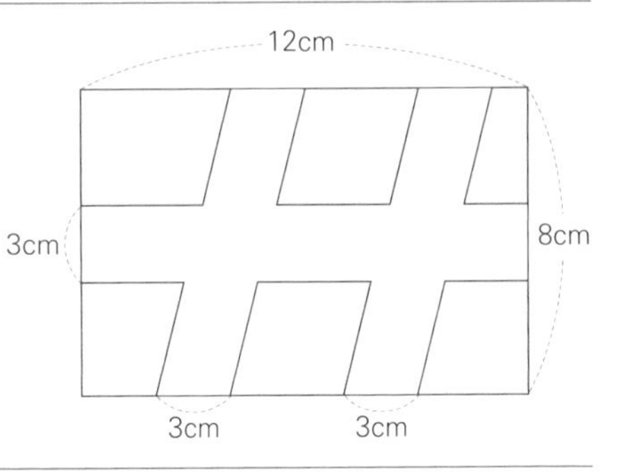

분석

1 도로의 폭은 3cm로 일정합니다. 따라서 도로를 제거하고 남은 조각을 모으면 어긋남 없이 맞아 떨어집니다.

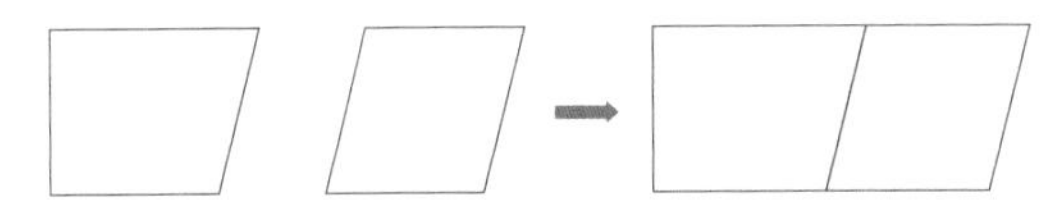

2 도로를 제거하고 남은 조각들을 모아 도형을 만들어 봅니다.

풀이

도로를 제외한 부분끼리 붙이면 직사각형이 만들어집니다.

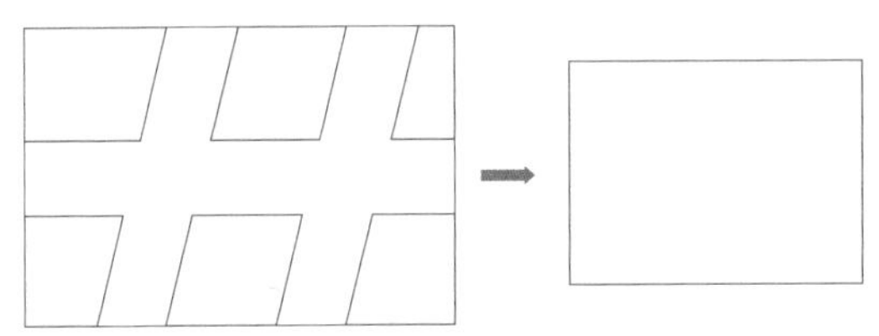

도로로 사용되어 없어진 부분을 가로와 세로로 나누어 따져 봅니다.

가로는 3+3=6(cm)만큼 없어졌고, 세로는 3cm만큼 없어졌습니다.

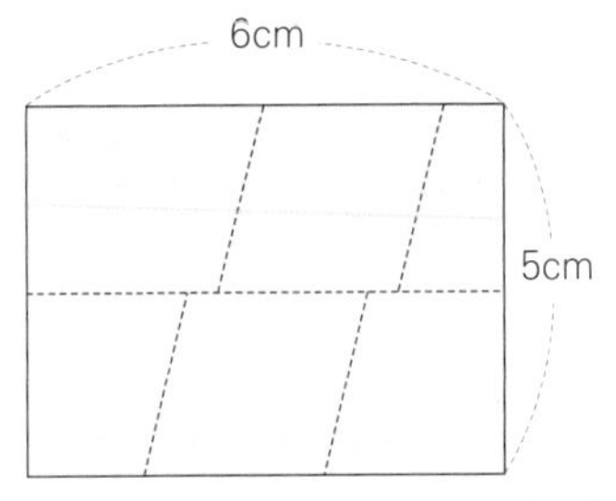

따라서 도로를 제외한 부분의 넓이는 $6\times5=30(cm^2)$입니다.

정답과 풀이 12쪽

나 1 평행사변형에 다음과 같이 폭이 4cm로 일정한 길을 그렸습니다. 길을 제외한 나머지 넓이를 구하시오.

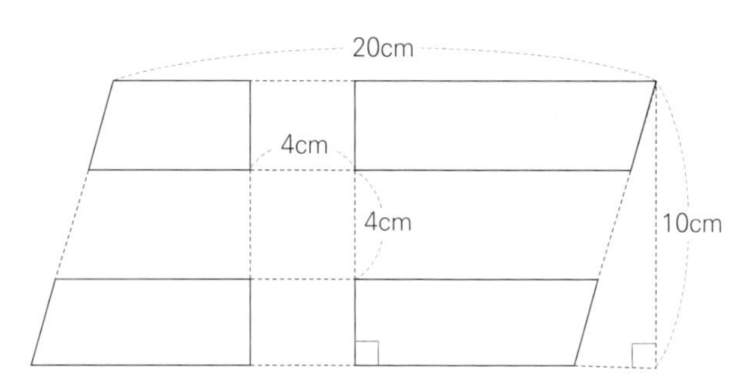

나 2 직사각형 모양의 공원에 다음과 같이 폭이 5m로 일정한 도로를 내었습니다. 도로를 제외한 나머지 공원의 넓이를 구하시오. (단, 세로 방향으로 난 길들은 서로 평행하며, 가로 방향으로 난 길은 직사각형의 가로변과 평행합니다.)

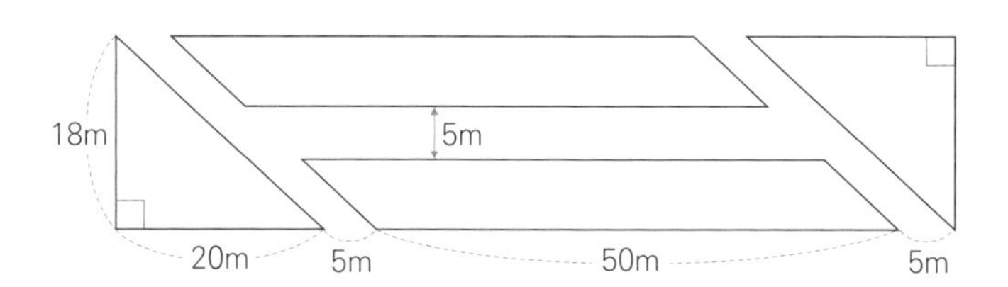

높이가 같은 삼각형의 넓이

• 밑변의 길이와 높이가 같은 삼각형은 모양이 달라도 넓이는 같습니다.

• 높이가 같은 삼각형의 넓이는 밑변의 길이가 결정합니다.

예)

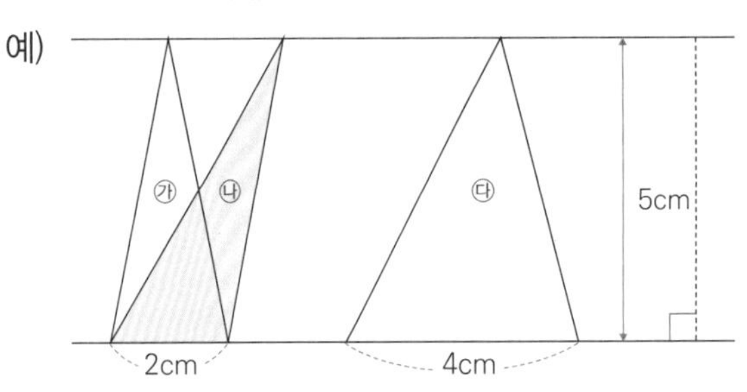

(㉮의 넓이)=(㉯의 넓이)=$2 \times 5 \div 2 = 5(cm^2)$

(㉰의 넓이)=(㉮의 넓이)$\times 2$=(㉯의 넓이)$\times 2 = 5 \times 2 = 10(cm^2)$

예제

다음 도형에서 선분 ㄱㄷ과 선분 ㄹㅁ이 평행하고, 삼각형 ㄱㄴㄷ의 넓이가 $30cm^2$입니다. 사각형 ㄱㄴㄷㄹ의 넓이를 구하시오.

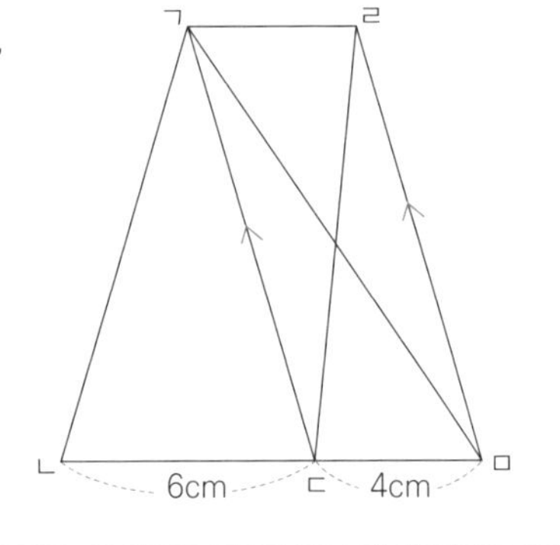

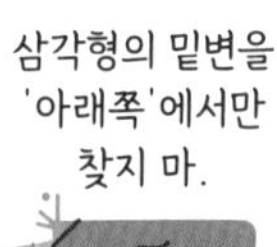

분석

1 삼각형 ㄱㄴㄷ에서 넓이를 이용해 높이를 구할 수 있습니다.

2 높이가 같고 밑변의 길이가 다른 삼각형은 밑변의 길이가 넓이를 결정합니다. 삼각형 ㄱㄴㄷ과 삼각형 ㄱㄷㅁ을 살펴보면 높이가 같습니다.

3 선분 ㄱㄷ과 선분 ㄹㅁ이 평행합니다. 이것을 가지고 알 수 있는 삼각형의 넓이를 찾아봅니다.

정답과 풀이 12쪽

풀이

1 삼각형 ㄱㄴㄷ은 밑변의 길이가 6cm이고 넓이가 30cm²이므로 높이는 10cm입니다.

2 삼각형 ㄱㄷㅁ과 삼각형 ㄱㄴㄷ은 높이가 같으므로, (삼각형 ㄱㄷㅁ의 넓이)=4×10÷2=20(cm²)입니다.

3 삼각형 ㄱㄷㄹ과 삼각형 ㄱㄷㅁ의 밑변을 변 ㄱㄷ으로 볼 경우, 밑변의 길이가 같습니다. 그리고 선분 ㄱㄷ과 선분 ㄹㅁ이 평행하므로, 두 삼각형은 높이도 같습니다. 따라서 삼각형 ㄱㄷㄹ과 삼각형 ㄱㄷㅁ은 밑변의 길이와 높이가 같으므로 넓이도 같습니다.
따라서 (삼각형 ㄱㄷㄹ의 넓이)=(삼각형 ㄱㄷㅁ의 넓이)=20(cm²)

4 따라서 (사각형 ㄱㄴㄷㄹ의 넓이)=(삼각형 ㄱㄴㄷ의 넓이)+(삼각형 ㄱㄷㄹ의 넓이)=30+20=50(cm²)

다 1 다음 그림과 같은 삼각형 ㄱㄴㄷ의 넓이가 30cm²이고, 선분 ㄹㅁ과 선분 ㄱㅂ이 평행할 때, 삼각형 ㄹㄴㅂ의 넓이를 구하시오.

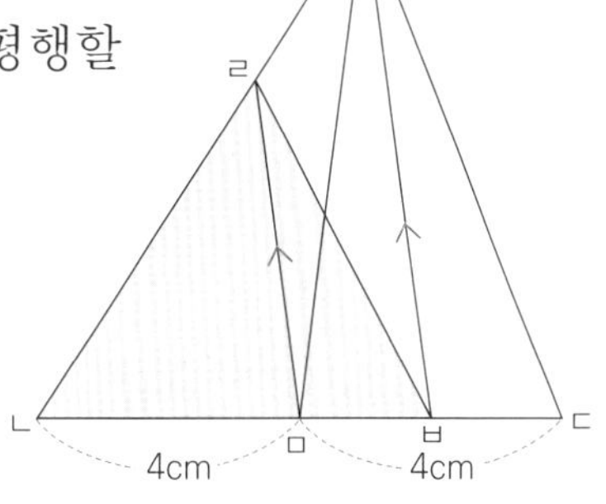

다 2 삼각형 ㄱㄴㄹ의 넓이가 140cm²일 때, 삼각형 ㄷㄹㅁ의 넓이를 구하시오.

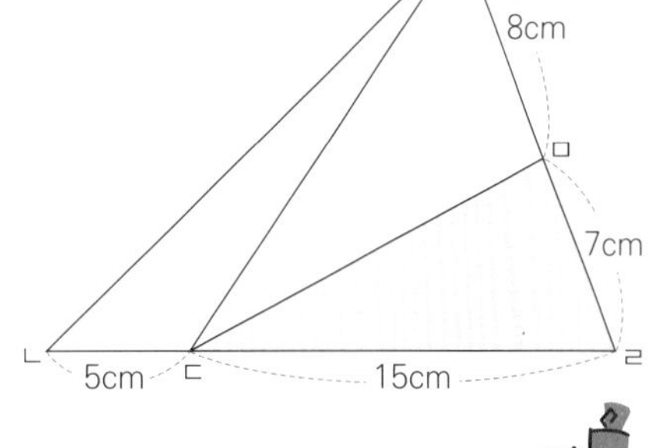

도형을 다양한 방향에서
보면 답이 나와.

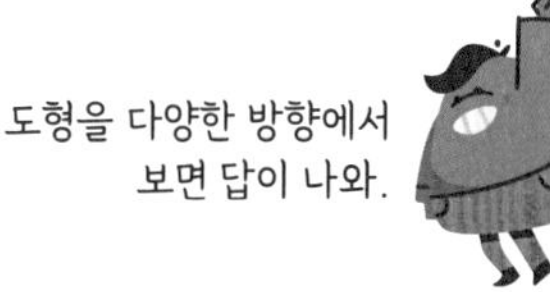

심화종합

정답과 풀이 14쪽

심화종합 1 세트

1 ㉠△㉡ = ㉠ × ㉡ + ㉠ × (㉠ − ㉡)일 때, □ 안에 알맞은 수를 구하시오.
(단, □는 5보다 큰 자연수입니다.)

□ △ 5 = 49

2 올해 아버지의 나이는 7의 배수이고 8년 후에는 5의 배수가 됩니다. 올해 아버지의 나이가 40세에서 60세 사이일 때, 10년 후 아버지의 나이는 얼마입니까?

3 다음과 같이 바둑돌을 규칙적으로 배열하고 있습니다. 배열 순서를 □, 바둑돌의 개수를 ○라고 할 때, 두 양 사이의 대응 관계를 식으로 나타내시오.

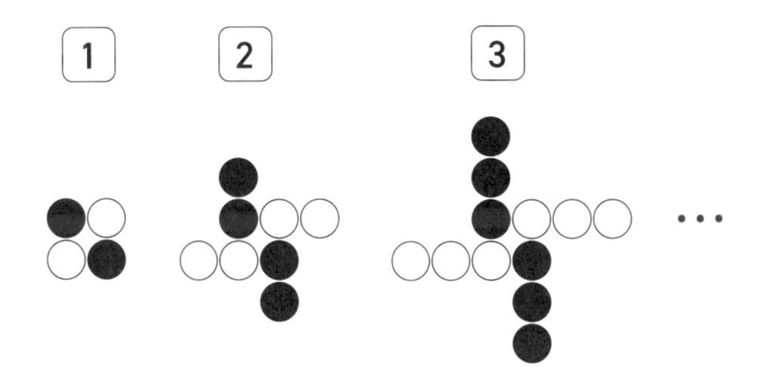

4 $\frac{7}{24}$과 $\frac{13}{36}$ 사이에 있고 분모가 72인 분수 중에서 $\frac{4}{9}$에 가장 가까운 분수를 구하시오.

심화종합 1 세트

5 □ 안에 들어갈 수 있는 자연수는 모두 몇 개입니까?

$$2\frac{1}{3} < 1\frac{5}{12} + \frac{\square}{6} < 3\frac{1}{2}$$

6 한 변이 20cm인 정사각형 3개를 겹쳐서 다음과 같은 모양으로 만들었습니다. 겹치는 부분이 모두 정사각형일 때, 도형 전체의 넓이는 몇 cm^2입니까?

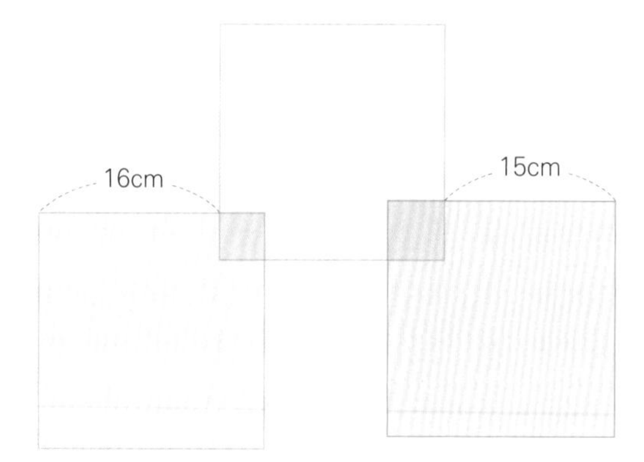

7 비어 있는 어떤 물탱크에 물을 가득 채우는 데 ㉠ 수도꼭지로만 채우면 12시간이 걸리고, ㉡ 수도꼭지로만 채우면 6시간이 걸립니다. 또 물탱크에 가득 찬 물을 ㉢ 배수구로만 빼내면 20시간이 걸립니다. 이 물탱크에 물을 ㉢ 배수구가 열린 상태에서 ㉠과 ㉡ 수도꼭지로 채운다면 가득 채우는 데 몇 시간이 걸리겠습니까? (단, 두 수도꼭지와 배수구로 시간당 들어오고 나가는 물의 양은 일정합니다.)

8 다음 두 식을 모두 만족하는 ㉠과 ㉡의 값을 구하시오.

$$\frac{㉠}{㉡+5}=\frac{1}{2},\quad \frac{㉠}{㉡+21}=\frac{1}{6}$$

정말 수고했어!

심화종합 2 세트

1 다음 그림에서 두 도형이 겹치는 부분의 넓이는 평행사변형의 넓이의 $\frac{1}{5}$, 마름모의 넓이의 $\frac{1}{4}$입니다. 마름모의 한 대각선의 길이는 20cm입니다. 다른 대각선의 길이는 몇 cm인지 풀이 과정을 쓰고 답을 구하시오.

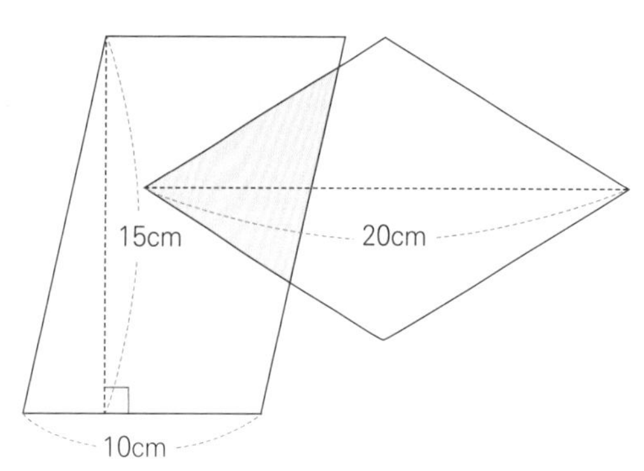

2 주현이는 소설책을 읽습니다. 첫째 날에는 전체의 $\frac{1}{5}$을 읽고, 다음 날에는 전체의 $\frac{1}{7}$을 읽었습니다. 이와 같은 방법으로 하루씩 번갈아 가며 책을 읽는다면 소설책을 다 읽는 데 며칠이 걸리겠습니까?

3 $\frac{㉠}{㉡ \times ㉡ \times ㉡} = \frac{1}{180}$인 자연수 ㉠, ㉡이 있습니다. ㉠과 ㉡에 각각 알맞은 가장 작은 수를 구하시오.

4 어떤 분수의 분모에서 3을 뺀 후 약분하면 $\frac{1}{4}$이 되고, 분모에 1을 더한 후 약분하면 $\frac{1}{5}$이 됩니다. 어떤 분수를 구하시오.

심화종합 2 세트

5 무게가 같은 사탕 10개가 200g이고, 이 사탕의 40g당 가격은 1000원입니다. 사탕의 가격을 □, 사탕의 수를 ○라고 할 때, 두 양 사이의 대응 관계를 식으로 나타내고, 5000원으로 사탕을 모두 몇 개 살 수 있는지 차례로 구하시오.

6 직사각형 모양의 종이를 반으로 자르고, 나누어진 2장의 종이를 겹쳐서 다시 반으로 자르고, 나누어진 4장의 종이를 반으로 자르는 것을 반복하였습니다. 잘린 종이의 수가 256장이 되게 하려면 처음 직사각형 모양의 종이를 몇 번 잘라야 합니까?

7 85와 75를 어떤 수로 나누면 나머지가 각각 1과 3입니다. 어떤 수를 모두 구하시오.

8 어떤 수와 18의 곱에서 어떤 수와 13의 곱을 빼면 85입니다. 어떤 수는 얼마인지 풀이 과정을 쓰고 답을 구하시오.

정답과 풀이 17쪽

심화종합 3 세트

잘 모르겠으면, 앞의 단원으로 돌아가서 복습!

1 달걀 한 판은 30개입니다. 어느 음식점에서는 달걀을 매일 3판보다 10개씩 더 사용합니다. 이 음식점에서 달걀을 몇 판을 사 와서 일주일 동안 사용하였더니 남은 달걀이 두 판과 20개였습니다. 처음 사 온 달걀은 몇 판인지 풀이 과정을 쓰고 답을 구하시오.

2 합이 264인 두 수가 있습니다. 이 두 수의 최대공약수는 33이고 최소공배수가 495입니다. 두 수를 구하는 풀이 과정을 쓰고 답을 구하시오.

3 슬기는 모둠 활동에 참여한 첫째 날 8명의 친구들을 새로 만나서 악수를 하였습니다. 슬기와 친구들이 모두 서로 한 번씩 악수를 하였다면 악수는 모두 몇 번 하였습니까?

4 다음과 같이 일정한 규칙에 따라 분수를 늘어놓았습니다. 30번째 자리에 놓이는 분수를 기약분수로 나타내시오.

$\frac{1}{2}, \frac{1}{3}, \frac{2}{3}, \frac{1}{4}, \frac{2}{4}, \frac{3}{4}, \frac{1}{5}, \frac{2}{5}, \frac{3}{5}, \frac{4}{5} \cdots$

심화종합 3 세트

5 보기와 같은 방법으로 주어진 식을 계산하여 기약분수로 나타내시오.

보기 $\frac{1}{6}=\frac{1}{2\times3}=\frac{1}{2}-\frac{1}{3}$

$\frac{1}{6}+\frac{1}{12}+\frac{1}{20}+\frac{1}{30}=$ (   )

6 크기가 다른 3개의 정사각형으로 다음과 같은 도형을 만들었습니다. 이 도형의 넓이는 몇 cm^2입니까?

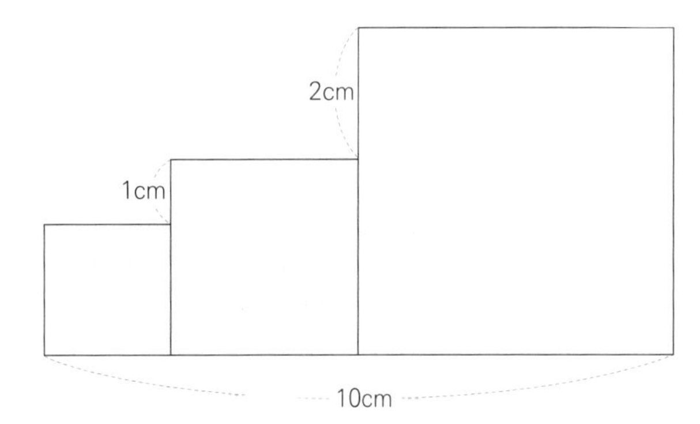

7 어떤 목수가 동일한 의자 4개를 만들려고 합니다. 의자 1개를 만드는 데 $2\frac{4}{7}$시간이 걸리고, 의자 1개를 만든 후에 $\frac{4}{5}$시간씩 쉰다고 합니다. 의자 4개를 모두 만드는 데 걸리는 시간은 얼마입니까?

8 어느 고속버스터미널에서 서울행 버스는 12분마다, 인천행 버스는 15분마다 출발한다고 합니다. 오전 9시에 두 버스가 동시에 출발했다면 그 이후부터 오후 2시까지 몇 번 더 동시에 출발하겠습니까?

이제 절반
지났어!

심화종합 4 세트

오답 노트를 만들어 봐.

1 다음 도형은 넓이가 $400 cm^2$인 정사각형이고, 점 ㄱ과 점 ㄴ은 변을 이등분하는 점입니다. 선분 ㄷㄹ이 정사각형의 가로와 평행하다고 할 때, 색칠한 부분의 넓이는 몇 cm^2입니까?

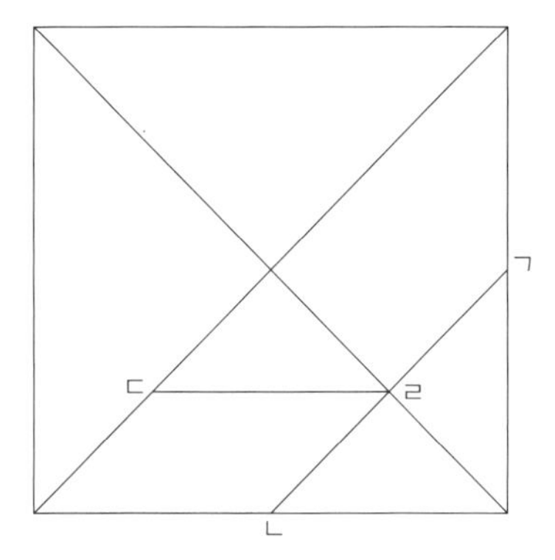

2 준호, 호영, 태우, 진영이 한 줄로 서 있습니다. 다음은 네 사람 사이의 거리를 나타낸 것입니다. 호영과 진영 사이의 거리는 몇 m입니까?

- 호영은 준호보다 $3\frac{1}{5}$m 앞에 있습니다.
- 태우는 준호보다 $2\frac{1}{10}$m 앞에 있습니다.
- 진영은 태우보다 $2\frac{1}{2}$m 뒤에 있습니다.

3 분모가 64인 진분수를 기약분수로 나타냈을 때, 분자가 1인 분수는 모두 몇 개인지 풀이 과정을 쓰고 답을 구하시오.

4 다음과 같이 크기가 같은 정육각형을 엇갈리게 이어 붙였습니다. 정육각형 50개를 이어 붙였을 때, 만들어지는 도형의 둘레에 있는 변은 모두 몇 개입니까?

…

심화종합 4 세트

5 □ 안에 알맞은 수를 구하시오.

$$129 \div 3 - (4 \times 10 - 2 \times \square) - 24 \div 6 = 7$$

6 볼펜 30개, 샤프 20개, 연필 50개를 학생들에게 똑같이 나누어 주었더니 볼펜은 2개가 부족하고, 샤프는 4개가 부족하고, 연필은 2개가 남았습니다. 학생은 모두 몇 명입니까?

7 큰 직사각형 모양의 종이에서 작은 직사각형 모양의 조각을 잘라 내었습니다. 남은 도형의 둘레가 $16\frac{13}{15}$cm일 때, □ 안에 알맞은 수를 구하시오.

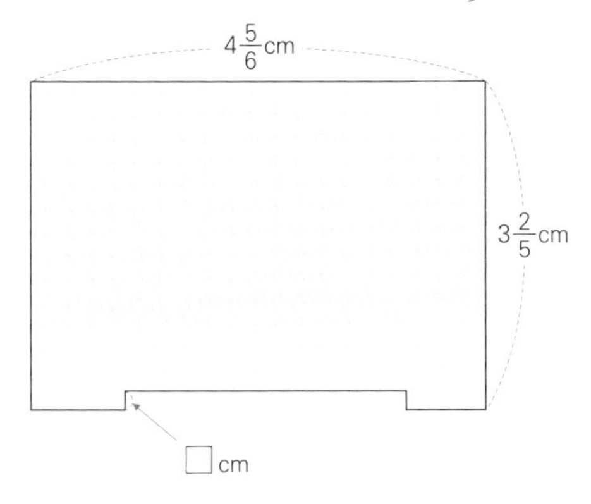

8 다음 도형은 모든 변과 변이 직각으로 만납니다. 도형의 넓이는 몇 cm^2입니까?

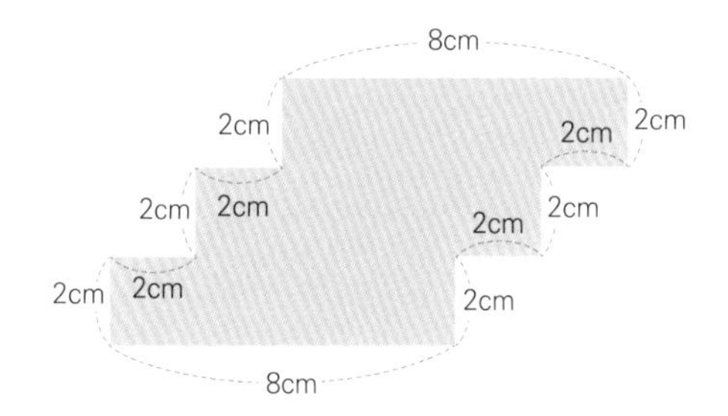

심화종합 5 세트

1 길이가 10m 40cm인 철사를 둘로 나누려고 합니다. 긴 철사가 짧은 철사보다 40cm 더 길게 하려면 긴 철사의 길이는 몇 cm로 해야 합니까?

2 사각형 ㄱㄴㅁㄹ은 사다리꼴이고 색칠한 부분의 넓이는 56cm²일 때, 사각형 ㄱㄴㄷㄹ의 넓이는 몇 cm²입니까?

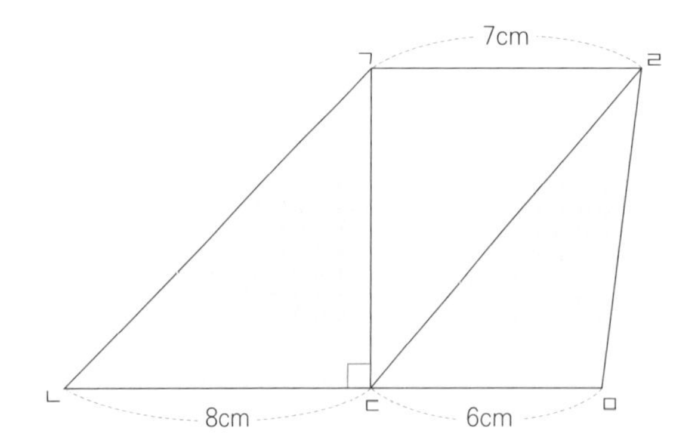

3 1시간에 300km의 빠르기로 달리는 200m 길이의 기차가 터널에 들어가기 시작한 지 4분 만에 완전히 빠져나왔습니다. 이 터널의 길이는 몇 m입니까?

4 크기가 같은 정사각형을 다음과 같이 규칙적으로 배열하고 있습니다. 작은 정사각형 61개로 만들어진 도형의 둘레의 길이가 88cm라면, 작은 정사각형의 한 변은 몇 cm입니까?

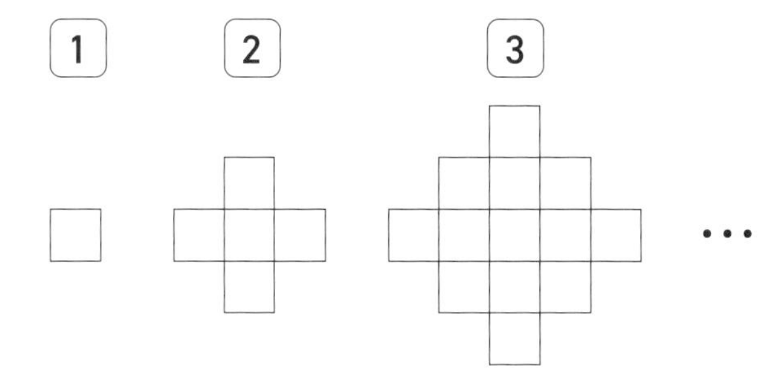

심화종합 5 세트

5 다음 도형에서 색칠한 부분의 넓이는 몇 cm^2입니까?

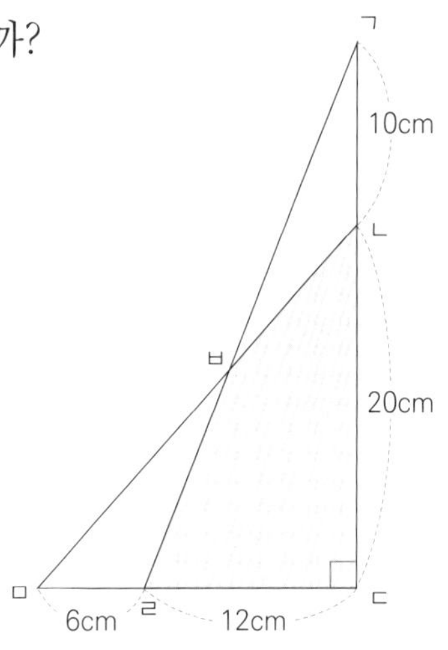

6 그림과 같이 가로가 24cm, 세로가 18cm, 높이가 30cm인 직육면체 모양의 상자를 빈틈없이 쌓아 가로, 세로, 높이가 같은 정육면체 모양으로 쌓으려고 합니다. 상자는 최소한 몇 개가 필요합니까?

* 직육면체란 직사각형 6개로 둘러싸인 도형을 말합니다.
* 정육면체란 정사각형 6개로 둘러싸인 도형을 말합니다.

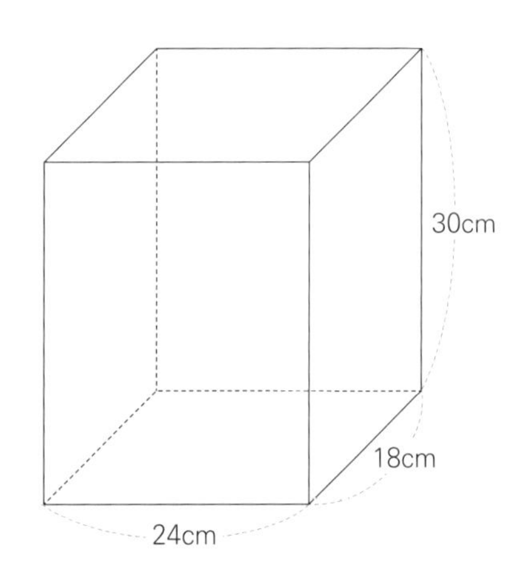

7 어떤 두 수의 곱은 294이고 두 수의 최소공배수는 42입니다. 어떤 두 수의 최대공약수를 구하시오.

8 100L의 물이 들어 있는 물탱크가 있습니다. 1분에 10L씩 물탱크의 물을 사용할 때, 물을 사용한 시간 ◯와 물탱크에 남아 있는 물의 양 □ 사이의 대응 관계를 식으로 나타내시오.

실력 진단 테스트

실력 진단 테스트

60분 동안 다음의 20문제를 풀어 보세요.

1 효주네 반은 6명씩 8모둠입니다. 귤은 1상자에 40개씩 6상자가 있습니다. 이 귤을 효주네 반 학생들에게 똑같이 나누어 주려면 한 명에게 몇 개씩 줄 수 있습니까? 하나의 식으로 나타내고 답을 구하시오.

2 다음과 같은 과녁에서 ㉮와 ㉯의 점수의 합은 34, ㉯와 ㉰의 점수의 합은 44, ㉰와 ㉮의 점수의 합은 40입니다. ㉮, ㉯, ㉰의 점수의 합은 얼마입니까?

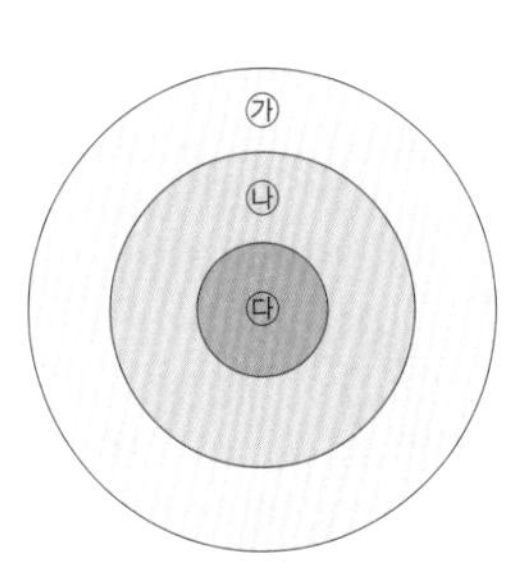

3 헌 종이를 팔아서 받은 돈 23500원을 민호, 은상, 재혁이가 나누어 가지려고 합니다. 은상이는 민호의 3배보다 1800원을 적게 갖고, 재혁이는 민호보다 2800원을 더 가지려고 한다면 민호는 얼마를 가져야 합니까?

4 24와 32로 나누어떨어지는 수 중에서 200과 300 사이에 있는 수를 구하시오.

정답과 풀이 23쪽

5 다음 조건에 맞는 분수를 구하시오.

- 분모와 분자를 약분하면 $\frac{3}{5}$입니다.
- 분모와 분자의 최소공배수는 105입니다.

6 $\frac{1}{8}$의 분자에 5를 더하여 $\frac{1}{8}$과 크기가 같은 분수를 만들려고 합니다. 분모에는 얼마를 더해야 합니까?

7 석유통에 석유를 넣는 데 '가' 호스를 이용하면 4분 만에 가득 차고, '나' 호스를 이용하면 12분 만에 가득 찹니다. 가, 나 호스를 동시에 사용하면 석유통을 가득 채우는 데 몇 분이 걸립니까?

8 다음 중 1에 가장 가까운 분수는 무엇입니까?

$$\frac{3}{4}, \frac{4}{5}, \frac{5}{6}, \frac{7}{8}, \frac{10}{9}$$

9 서로 다른 세 수를 더하여 3으로 나누었더니 몫이 5이고, 나머지가 2가 되었습니다. 서로 다른 세 수 중에서 두 수가 $6\frac{3}{8}$, $7\frac{11}{12}$이라면, 다른 하나는 얼마입니까?

정답과 풀이 23쪽

10 파란색 테이프의 길이는 $\frac{8}{9}$m, 빨간색 테이프는 $\frac{5}{6}$m입니다. 두 테이프를 그림과 같이 겹치는 부분이 5cm가 되도록 이어 붙였습니다. 다음 물음에 답하시오.

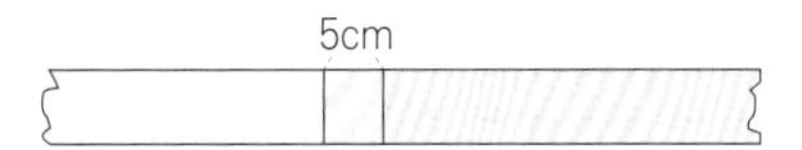

1) 겹치는 부분의 길이는 몇 m인지 분수로 나타내시오.

2) 파란색 테이프와 빨간색 테이프의 길이의 합은 몇 m입니까?

3) 연결한 테이프의 전체 길이는 몇 m입니까?

11 세 단위분수 ㉠, ㉡, ㉢이 있습니다. ㉠+㉡$=\frac{5}{24}$, ㉡+㉢$=\frac{17}{72}$, ㉢+㉠$=\frac{7}{36}$일 때, ㉠+㉡-㉢의 값을 구하시오.

12 둘레가 같은 정사각형과 직사각형이 있습니다. 정사각형의 한 변의 길이가 16cm이고, 직사각형의 가로의 길이가 21cm일 때, 세로의 길이는 몇 cm입니까?

13 가로 21cm, 세로 25cm인 직사각형 모양의 도형을 다음과 같이 잘랐습니다. 잘라내고 남은 도형의 둘레는 1m 20cm입니다. ★의 길이는 몇 cm 몇 mm 입니까?

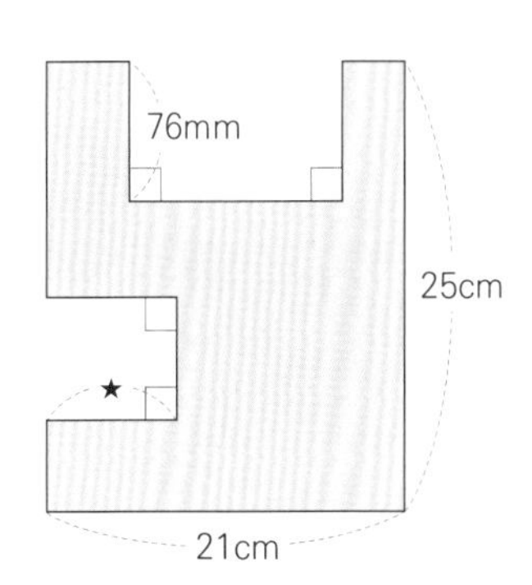

실력 진단 테스트

14 넓이가 360000cm^2인 정사각형의 둘레의 길이는 몇 m입니까?

15 그림은 큰 정사각형을 8개의 직사각형과 1개의 정사각형으로 나눈 것입니다. 8개의 직사각형의 모양과 크기는 모두 같고, 나누어서 생긴 작은 정사각형과 직사각형 한 개의 넓이가 16cm^2로 같다고 할 때, 큰 정사각형의 둘레의 길이를 구하시오.

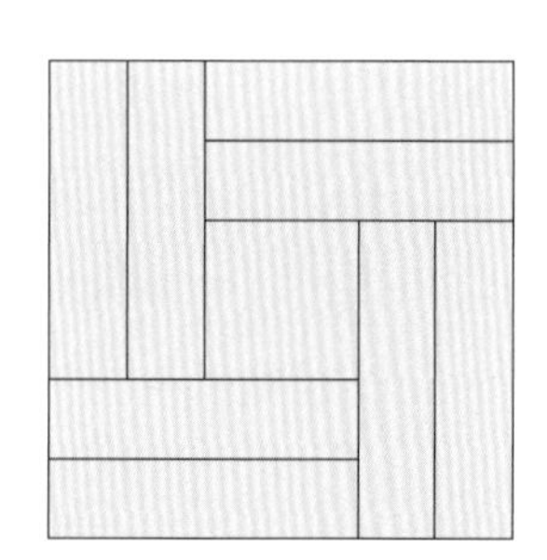

16 □ 안에 알맞은 수를 써 넣으시오.

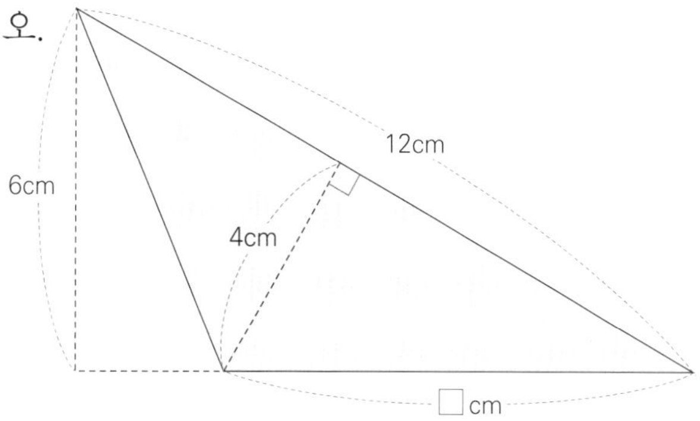

6cm

12cm

4cm

□cm

17 넓이가 $48m^2$, 밑변의 길이가 16m인 삼각형을 높이만 늘여 넓이를 두 배가 되게 만들었을 때, 늘어난 삼각형의 높이는 몇 m입니까?

정답과 풀이 23쪽

18 다음 그림과 같이 삼각형 ㄱㄴㄷ의 세 변의 가운데 점끼리 계속 연결하여 만든 삼각형 ㉠의 넓이는 $8cm^2$입니다. 변 ㄱㄷ의 길이가 32cm일 때, 선분 ㄴㄹ의 길이를 구하시오.

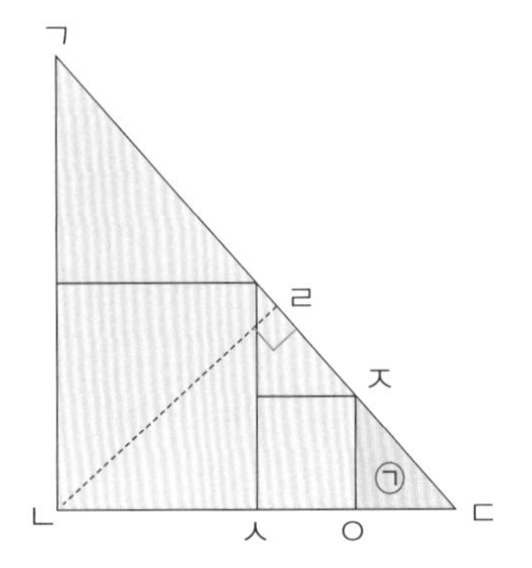

19 마름모의 넓이가 $119cm^2$일 때, □ 안에 알맞은 수는 어느 것입니까?

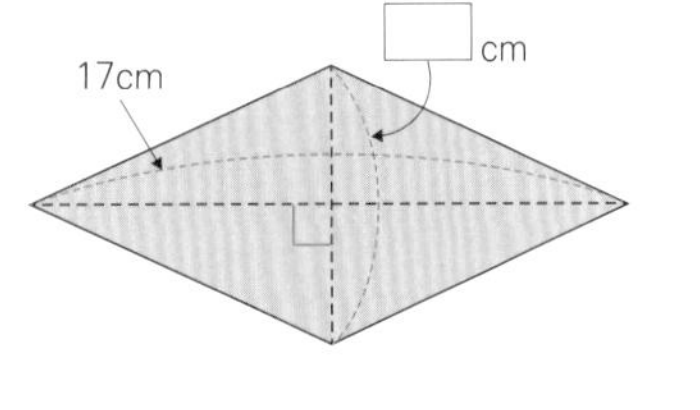

① 11 ② 12 ③ 13 ④ 14 ⑤ 15

20 크기가 같은 직사각형 2개를 겹쳐 놓았습니다. 겹치는 부분의 넓이가 $10cm^2$일 때, 직사각형 1개의 넓이는 몇 cm^2입니까?

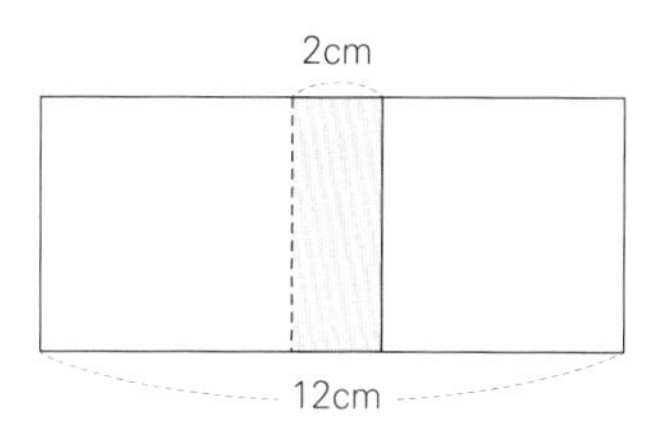

실력 진단 결과

• 정답과 풀이 27쪽 참고

채점을 한 후, 다음과 같이 점수를 계산합니다.

(내 점수)=(맞은 개수)×5(점)

내 점수: ________ 점

점수에 따라 무엇을 하면 좋을까요?

95점~100점: 틀린 문제만 오답하세요.

85점~90점: 틀린 문제를 오답하고, 여기에 해당하는 개념을 찾아 복습하세요.

75점~80점: 이 책을 한 번 더 풀어 보세요.

65점~70점: 개념부터 차근차근 다시 공부하세요.

55점~60점: 개념부터 차근차근 공부하고, 재밌는 책을 읽는 시간을 많이 가져 보세요.

지은이 **류승재**

고려대학교 수학과를 졸업했습니다. 25년째 수학을 가르치고 있습니다. 최상위권부터 최하위권까지, 재수생부터 초등부까지 다양한 성적과 연령대의 아이들에게 수학을 가르쳤습니다. 교과 수학뿐만 아니라 사고력 수학 · 경시 수학 · SAT · AP · 수리논술까지 다양한 분야의 수학을 다루었습니다.
수학 공부의 바이블로 인정받는《수학 잘하는 아이는 이렇게 공부합니다》를 썼고, 더 체계적이고 구체적인 초등 수학 공부법을 공유하기 위해《초등수학 심화 공부법》을 썼습니다. 유튜브 채널「공부머리 수학법」과 강연, 칼럼 기고 등 다양한 활동을 통해 수학 잘하기 위한 공부법을 나누고 있습니다.

유튜브「공부머리 수학법」
네이버카페「공부머리 수학법」
책을 읽고 궁금한 내용은 네이버카페에 남겨 주세요.

초판 1쇄 발행 2022년 11월 19일
신판 1쇄 발행 2024년 2월 25일

지은이 류승재

펴낸이 金昇芝
편집 김도영 노현주
디자인 별을잡는그물 양미정

펴낸곳 블루무스에듀
전화 070-4062-1908
팩스 02-6280-1908
주소 경기도 파주시 경의로 1114 에펠타워 406호
출판등록 제2022-000085호
이메일 bluemoose_editor@naver.com
인스타그램 @bluemoose_books

ISBN 979-11-91426-67-0 (63410)

생각의 힘을 기르는 진짜 공부를 추구하는 블루무스에듀는 블루무스 출판사의 어린이 학습 브랜드입니다.

□+○=921
가장 확실한
초등 심화 입문서
열려라 심화
초등수학
1/2
정답과 풀이
7/10=0.7
블루무스에듀
bluemoose edu

초등수학

5-1

정답과 풀이

기본 개념 테스트

1단원 자연수의 혼합 계산

• 10쪽~11쪽

채점 전 지도 가이드

혼합 계산의 순서는 어떤 논리나 이유가 있지 않습니다. 단지 수학자들의 약속이라는 것을 알려 주면 오히려 더 쉽게 이해하고 암기합니다. 일단 약속된 순서만 외우고 익히면 수월한 단원입니다. 물론 쉽다고 하여 소홀히 하면 안 됩니다. 자연수의 혼합 계산은 정수와 유리수의 혼합 계산 등의 중등 과정과 밀접하게 연관되어 있으므로 정확히 알아야 합니다.

1.

1) 18+9×5−8=55

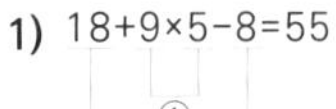

2) (10+9)×5−8=87

3) 30+48÷2−25=29

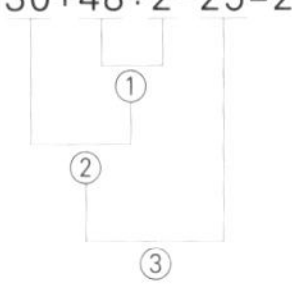

4) (20+56)÷2−25=13

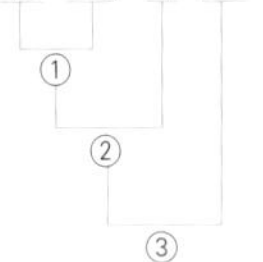

계산 결과는 모두 맞습니다.

2.

1) 15+12÷3×2−2=21

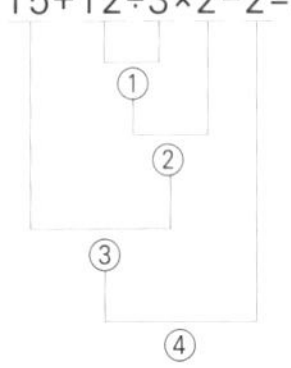

2) (15+12)÷3×2−2=16

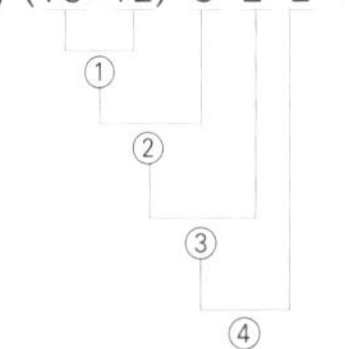

3) 15+(12÷3×2−2)=21

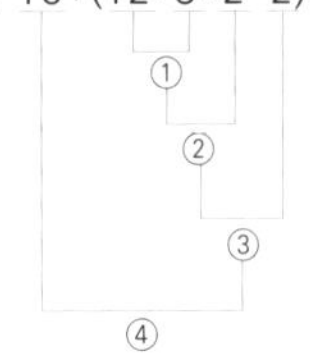

4) 15+12÷(3×2−2)=18

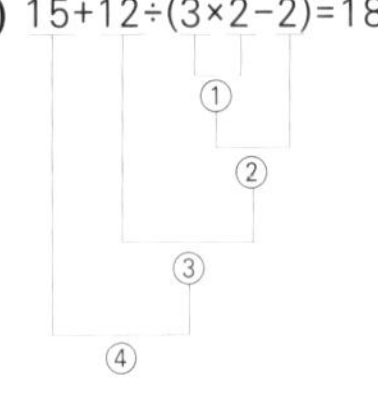

똑같은 수의 배열이라도 괄호의 여부에 따라 계산 순서가 달라지고 계산한 값도 달라집니다.

2단원 약수와 배수

• 16쪽~17쪽

채점 전 지도 가이드

4학년까지 배운 곱셈과 나눗셈의 연산을 제대로 알고 있어야 학습이 가능한 단원입니다. 이 단원은 중등 개념과 아주 밀접한 관련이 있는 중요한 단원이기에 개념부터 잘 익혀야 합니다. 단순히 약수와 배수를 구하는 알고리즘을 알기에 앞서 약수와 배수의 의미와 개념을 이해해야 한다는 뜻입니다. 예를 들어 '2로 6을 나누면 나누어떨어진다, 따라서 2는 6의 약수다'라고 먼저 이해한 후, 이를 곱셈식을 이용한 알고리즘을 이용해 '2×3=6이므로 2는 6의 약수다'라고 구해야 한다는 뜻입니다.

1.

어떤 수를 나누어떨어지게 하는 수를 그 수의 약수라고 합니다.
예) 6을 나누어떨어지게 하는 수를 6의 약수라고 합니다.
1, 2, 3, 6은 6의 약수입니다.

2.

어떤 수를 1배, 2배, 3배, …한 수를 그 수의 배수라고 합니다.
예) 3, 6, 9, 12, …는 3의 배수입니다.

3.

12를 여러 가지 곱으로 나타내 봅니다.
12=1×12=2×6=3×4
12는 1, 2, 3, 4, 6, 12의 배수입니다.
1, 2, 3, 4, 6, 12는 12의 약수입니다.

4.

두 수의 공통된 약수를 공약수라 합니다.
두 수의 공약수 중에서 가장 큰 수를 최대공약수라 합니다.
예) 8과 12의 공약수 구하기
8의 약수: 1, 2, 4, 8
12의 약수: 1, 2, 3, 4, 6, 12
8과 12의 공약수: 1, 2, 4
공약수에서 가장 큰 수는 4입니다. 따라서 8과 12의 최대공약수는 4입니다.

5.

두 수의 공통된 배수를 공배수라 합니다.
두 수의 공배수 중에서 가장 작은 수를 최소공배수라 합니다.
예) 2와 3의 공배수 구하기
2의 배수: 2, 4, 6, 8, 10, 12, 14, 16, 18, …
3의 배수: 3, 6, 9, 12, 15, 18, …
2와 3의 공배수: 6, 12, 18, …

공배수에서 가장 작은 수는 6입니다. 따라서 2와 3의 최소공배수는 6입니다.

6.

최소공약수를 구하지 않는 이유는 자연수의 최소공약수는 무조건 1이기 때문입니다.
한편 최대공배수는 구할 수 없습니다. 수는 끝없이 커지기 때문입니다.

3단원 규칙과 대응 • 26쪽~27쪽

채점 전 지도 가이드

4학년 1학기 6단원 규칙 찾기와 연계되는 단원입니다. 4학년 1학기 6단원에서 수와 계산식을 중심으로 양의 규칙적인 변화를 공부했다면, 이 단원에서는 두 양 사이의 대응 관계를 본격적으로 탐구하고 이를 기호로 사용해 표현해 봅니다. 함수 개념의 기초가 되는 매우 중요한 단원이기에 정확한 개념 정리가 우선입니다. 또한 기계적으로 정답을 찾기보다는 두 양의 '관계', 즉 하나가 변하면 다른 하나가 그에 맞추어 어떻게 변하는지에 초점을 맞추어 분석하는 것이 중요합니다.

1.

자동차와 자동차 바퀴
자동차가 1대일 때 자동차 바퀴는 4개입니다.
자동차가 2대일 때 자동차 바퀴는 8개입니다.
→ 자동차 바퀴의 수는 자동차 대수의 4배입니다.
→ 자동차 대수는 자동차 바퀴의 수의 $\frac{1}{4}$배입니다.

잠깐! 부모 가이드

두 양 사이의 대응 관계를 식으로 나타낼 때 어떤 양을 기준으로 선택하느냐에 따라 다르게 표현됩니다. 자동차 바퀴의 양을 기준으로 삼은 문장과 자동차의 양을 기준으로 삼은 문장 두 가지를 모두 쓰게 합니다.

2.

1) 표를 이용하여 나타내기

자동차 대수	1	2	3	4
바퀴의 수	4	8	12	16

2) 곱셈식으로 나타내기
(자동차 대수)×4=(바퀴의 수)

3) 나눗셈식으로 나타내기
(바퀴의 수)÷4=(자동차 대수)

3.

1. 문어와 문어 다리의 수
(문어의 수)×8=(문어 다리의 수)
(문어 다리의 수)÷8=(문어의 수)
2. 1시간 동안 25km를 달리는 킥보드가 움직이는 거리와 시간
(킥보드가 움직인 거리)÷25=(킥보드가 움직인 시간)
(킥보드가 움직인 시간)×25=(킥보드가 움직인 거리)

잠깐! 부모 가이드

아이는 주로 자동차와 자동차 바퀴, 혹은 강아지와 강아지 다리 등 정적 사물을 예로 들 것입니다. 그런데 교과서에서는 자동차-자동차 바퀴처럼 고정된 사물을 대상으로 한 대응 관계뿐만 아니라 1초에 30m 이동하는 기차의 거리-시간 같은 동적 관계 역시 대응 관계로 나타낼 수 있다고 설명합니다. 운동 시간에 따른 칼로리 소모, 일정한 속도로 이동하는 자동차의 이동 시간과 거리 등 동적 대응 관계의 예도 함께 들도록 유도하면 좋습니다.

4단원 약분과 통분 • 32쪽~33쪽

채점 전 지도 가이드

5학년 1학기 2단원에서 학습한 약수와 배수 개념을 이용해야 합니다. 그 개념이 제대로 잡혀 있지 않으면 이 단원을 진행할 수 없습니다. 충분히 연습했어도 앞에서 배운 것은 곧잘 잊어버리기 마련이니 아이가 잘 진행하지 못한다면 5학년 1학기 2단원 개념을 다시 체크하는 것도 방법입니다. 또 약수와 배수 개념을 잘 안다고 해도 약분과 통분 자체가 결코 쉽지 않으니 인내심을 가지고 지도해야 합니다.

1.

$\frac{2}{3}$와 $\frac{4}{6}$는 크기가 같습니다.

$\frac{2}{3}$의 분모와 분자에 똑같이 2를 곱하면 $\frac{4}{6}$가 되고, $\frac{2}{3}$와 $\frac{4}{6}$의 크기는 같습니다.

2.

분모와 분자를 공약수로 나누어 간단한 분수로 만드는 것을 약분한다고 합니다. 분모와 분자의 공약수가 1밖에 없어 더 이상 약분할 수 없는 분수를 기약분수라 합니다.

예를 들어 $\frac{2}{5}$는 분모와 분자의 공약수가 1뿐이므로 기약분수입니다.

3.

분수의 분모를 같게 하는 것을 통분한다고 합니다.

$(\frac{3}{4}, \frac{1}{6}) \rightarrow (\frac{3}{4} = \frac{18}{24}, \frac{1}{6} = \frac{4}{24}) \rightarrow (\frac{18}{24}, \frac{4}{24})$

$(\frac{3}{4}, \frac{1}{6}) \rightarrow (\frac{3}{4} = \frac{9}{12}, \frac{1}{6} = \frac{2}{12}) \rightarrow (\frac{9}{12}, \frac{2}{12})$

잠깐! 부모 가이드

교과서에서는 단순 분모의 곱이 아닌 최소공배수로 통분하는 방법까지 안내하므로 이 부분까지 확인합니다.

4.

통분을 하면 분모가 같아지므로, 분자의 크기 차이가 곧 분수 크기의 차이입니다.

$(\frac{3}{4} = \frac{9}{12}), (\frac{1}{6} = \frac{2}{12})$

$\frac{9}{12} > \frac{2}{12} \rightarrow \frac{3}{4} > \frac{1}{6}$

5.

1) $(\frac{1}{4}, 0.2) \rightarrow (\frac{25}{100}, 0.2) \rightarrow (0.25 > 0.2)$ 따라서 $\frac{1}{4} > 0.2$

2) $(\frac{1}{4}, 0.2) \rightarrow (\frac{1}{4}, \frac{2}{10}) \rightarrow (\frac{5}{20}, \frac{2}{20}) \rightarrow (\frac{5}{20} > \frac{2}{20})$

따라서 $\frac{1}{4} > 0.2$

5단원 분수의 덧셈과 뺄셈

• 40쪽~41쪽

채점 전 지도 가이드

앞 단원에서 배운 약분과 통분, 그리고 분모와 분자에 같은 수를 곱해도 같은 분수임을 정확히 알고 있어야 해 나갈 수 있습니다. 흔한 통념과 달리 요령보다는 이해가 중요한 단원이므로 기본 개념 테스트를 충실히 하도록 지도합니다. 특히 5번 문제, 대분수의 뺄셈을 어려워하는 경우가 많습니다. 분수 부분끼리 뺄 수 없을 때 느끼는 당혹감을 충분히 이해하고 지도해야 합니다.

1.

$\frac{1}{2}+\frac{1}{3}$을 그림을 이용해 계산합니다.

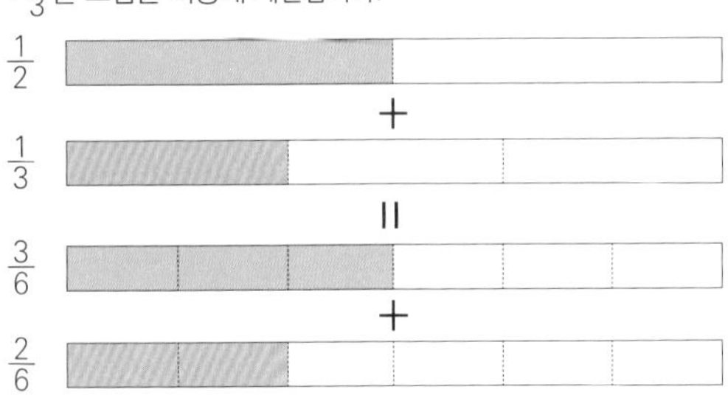

$\frac{1}{2}=\frac{3}{6}, \frac{1}{3}=\frac{2}{6}$이므로 $\frac{1}{2}+\frac{1}{3}=\frac{3}{6}+\frac{2}{6}=\frac{5}{6}$입니다.

2.

$\frac{3}{4}+\frac{1}{3}$을 분모의 최소공배수를 이용해 통분합니다.

분모인 4와 3의 최소공배수는 12입니다. 따라서 분모를 최소공배수로 통분하면 $\frac{3}{4}=\frac{3\times3}{4\times3}=\frac{9}{12}, \frac{1}{3}=\frac{1\times4}{3\times4}=\frac{4}{12}$입니다. 따라서

$\frac{3}{4}+\frac{1}{3}=\frac{9}{12}+\frac{4}{12}=\frac{13}{12}=1\frac{1}{12}$

3.

$\frac{1}{4}-\frac{1}{6}$을 분모의 곱으로 통분합니다.

분모인 4와 6을 곱하면 $4\times6=24$입니다. 따라서 분모를 분모의 곱으로 통분하면 $\frac{1}{4}=\frac{1\times6}{4\times6}=\frac{6}{24}, \frac{1}{6}=\frac{1\times4}{6\times4}=\frac{4}{24}$입니다.

따라서 $\frac{1}{4}-\frac{1}{6}=\frac{6}{24}-\frac{4}{24}=\frac{2}{24}=\frac{1}{12}$

4.

1) $1\frac{2}{3}+2\frac{3}{4}=(1+2)+(\frac{2}{3}+\frac{3}{4})=3+(\frac{8}{12}+\frac{9}{12})$

$=3+\frac{17}{12}=3+1\frac{5}{12}=(3+1)+\frac{5}{12}=4+\frac{5}{12}=4\frac{5}{12}$

2) $1\frac{2}{3}+2\frac{3}{4}=\frac{5}{3}+\frac{11}{4}=\frac{20}{12}+\frac{33}{12}=\frac{53}{12}=4\frac{5}{12}$

5.

1) $3\frac{1}{3}-1\frac{3}{4}=(3-1)+(\frac{1}{3}-\frac{3}{4})$

$=2+(\frac{4}{12}-\frac{9}{12})=(2-1)+(\frac{16}{12}-\frac{9}{12})$

$=1+\frac{7}{12}=1\frac{7}{12}$

2) $3\frac{1}{3}-1\frac{3}{4}=\frac{10}{3}-\frac{7}{4}=\frac{40}{12}-\frac{21}{12}=\frac{19}{12}=1\frac{7}{12}$

6단원 다각형의 둘레와 넓이

• 50쪽~51쪽

채점 전 지도 가이드

보통 둘레의 길이는 다각형의 개념만 잘 잡혀 있으면 어려워하지 않고 잘 이해하지만, 넓이의 경우 이해하기 어려워합니다. 이 기본 개념 테스트에서는 둘레는 간단하게 공식만 체크하고, 나머지 문제는 넓이를 구하는 위계적 순서에 따라 구성되어 있습니다. 문제를 건너뛰거나 부분부분 풀지 말고 처음부터 차례대로 풀게 합니다.

1.

(정다각형의 둘레)=(한 변의 길이)×(변의 개수)

(직사각형의 둘레)=(가로의 길이)×2+(세로의 길이)×2
=(가로의 길이+세로의 길이)×2

(마름모의 둘레)=(한 변의 길이)×4

(평행사변형의 둘레)=(한 변의 길이)×2+(다른 한 변의 길이)×2
=(한 변의 길이+다른 한 변의 길이)×2

2.

1) $1cm^2$는 한 변의 길이가 1cm인 정사각형의 넓이입니다.
1제곱센티미터라고 읽습니다.

2) $1m^2$는 한 변의 길이가 1m인 정사각형의 넓이입니다.
1제곱미터라고 읽습니다.

3) $1km^2$는 한 변의 길이가 1km인 정사각형의 넓이입니다.
1제곱킬로미터라고 읽습니다.

3.

한 변의 길이가 1cm인 넓이 $1cm^2$의 정사각형이 직사각형에 들어가는 개수를 세면 됩니다.

가로 4cm, 세로 3cm인 직사각형을 살펴보면, 가로 한 줄에는 $1cm^2$ 정사각형이 4개 놓이고 세로 한 줄에는 $1cm^2$ 정사각형이 3개 놓입니다.

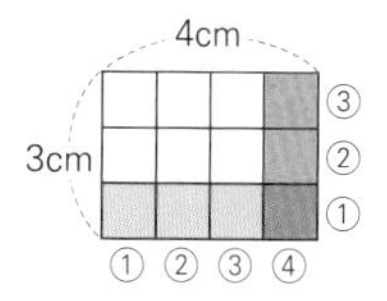

따라서 직사각형의 넓이는 변의 길이를 알면 구할 수 있습니다.

(직사각형의 넓이)=(가로변의 길이)×(세로변의 길이)

4.

1) 평행사변형을 잘라 직사각형으로 만듭니다.

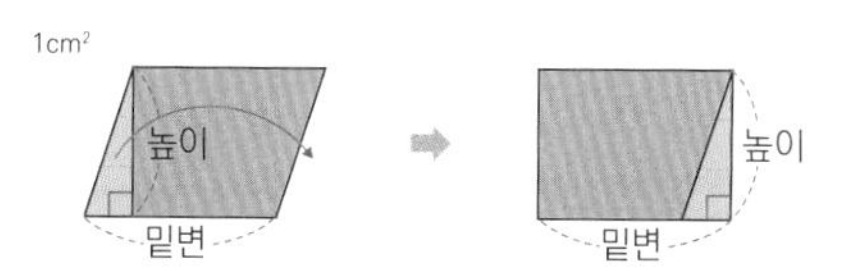

(평행사변형의 넓이)=(직사각형의 넓이)입니다.

따라서 (평행사변형의 넓이)=(가로의 길이)×(세로의 길이)
=(밑변의 길이)×(높이)

2) 삼각형 2개를 길이가 같은 변끼리 붙여 평행사변형을 만듭니다.

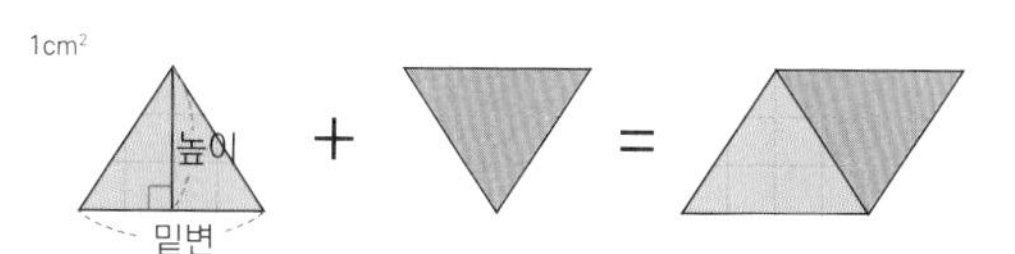

삼각형의 넓이는 평행사변형의 넓이의 절반입니다.

(삼각형의 넓이)=(평행사변형의 넓이)÷2
=(밑변의 길이)×(높이)÷2

3) 마름모에 대각선을 그은 후, 마름모를 둘러싸는 직사각형을 그려 봅니다.

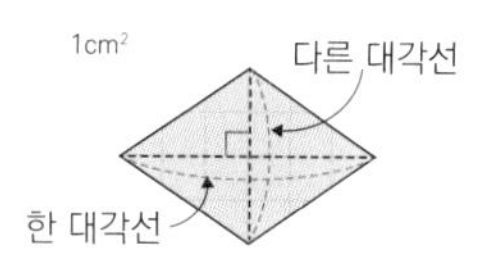

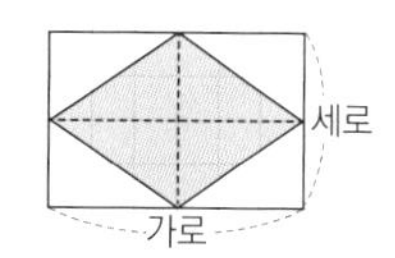

마름모의 넓이는 직사각형의 절반입니다. 이 직사각형의 가로는 한 대각선의 길이, 세로는 다른 대각선의 길이입니다.

(마름모의 넓이)
=(직사각형의 넓이)÷2
=(직사각형의 가로)×(직사각형의 세로)÷2
=(한 대각선의 길이)×(다른 대각선의 길이)÷2

4) 사다리꼴 2개를 길이가 같은 변끼리 두 개를 붙여 평행사변형을 만들어 봅니다.

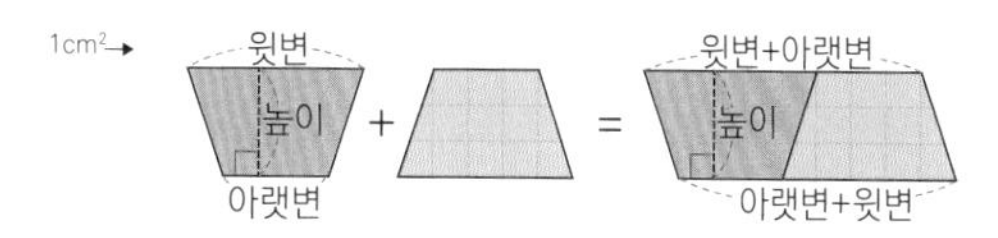

사다리꼴의 넓이는 만들어진 평행사변형의 넓이의 절반입니다.

(사다리꼴의 넓이)
=(평행사변형의 넓이)÷2
=(밑변의 길이)×(높이)÷2
={(윗변의 길이)+(아랫변의 길이)}×(높이)÷2

잠깐! 부모 가이드

교과서에서는 기본 개념 테스트에 나온 방법 말고도 다양한 방법으로 다각형의 넓이를 구하는 방법을 소개합니다. 삼각형을 잘라 직사각형을 만드는 방법, 마름모를 삼각형 4개로 자르는 방법, 사다리꼴을 잘라 직사각형 혹은 삼각형을 만드는 방법 등이 있습니다. 다양한 모양의 다각형의 넓이를 구할 때 필요한 개념들이니 이왕이면 그 방법들도 다 설명하게 하면 좋습니다.

단원별 심화

1단원 자연수의 혼합 계산

• 12쪽~15쪽

가1. 25명 가2. 150원 나1. 65 나2. 13

가1. 단계별 힌트

1단계	구하는 남학생의 수를 □라고 놓아 봅니다.
2단계	여학생이 먹은 개수, 남학생이 먹은 개수, 남은 사탕의 수를 더하면 전체 사탕의 개수인 746이 나옵니다. 이를 식으로 만들어 봅니다.
3단계	등식의 성질을 이용해 식을 풉니다.

남학생의 수를 □라고 놓고 식을 세웁니다.
남학생이 먹은 사탕의 수는 12×□고, 여학생이 먹은 사탕의 수는 18×24고, 남은 사탕의 수는 14입니다. 따라서 다음의 식이 나옵니다.
(12×□)+(18×24)+14=746
→ (12×□)+446=746
→ (12×□)+446=300+446
→ 12×□=300
□=25(명)입니다.

가2. 단계별 힌트

1단계	구하는 연필 한 자루의 값을 □라고 놓아 봅니다.
2단계	공책 5권의 값, 연필 8자루의 값, 그리고 거스름돈을 합하면 지불한 돈인 3000원이 나옵니다. 이를 식으로 만들어 봅니다.
3단계	등식의 성질을 이용해 식을 풉니다.

연필 한 자루의 값을 □라고 놓고 식을 세웁니다.
공책 5권의 값은 270×5, 연필 8자루의 값은 □×8, 거스름돈은 450입니다. 따라서 다음의 식이 나옵니다.
(270×5)+(□×8)+450=3000
→ 1800+(□×8)=3000
→ 1800+(□×8)=1800+1200
→ □×8=1200
□=150(원)입니다.

나1. 단계별 힌트

1단계	예제 풀이를 복습합니다.
2단계	양변을 똑같이 만들어 봅니다.
3단계	등식의 성질을 이용하여 □만 남겨 봅니다.

45=63−18이므로
63−(□+7)÷4=63−18
→(□+7)÷4=18
양변에 4를 곱해도 등식은 성립하므로
(□+7)÷4×4=18×4=72
→□+7=72
따라서 □=65입니다.

다른 풀이
연산의 역과정을 이용한 풀이는 다음과 같습니다.
63−(□+7)÷4=45
63에서 18을 빼면 45이므로
(□+7)÷4=18
□+7을 4로 나누면 18이므로
(□+7)=18×4=72
→ □=65

나2. 단계별 힌트

1단계	예제 풀이를 복습합니다.
2단계	양변을 똑같이 만들어 봅니다.
3단계	등식의 성질을 이용하여 □만 남겨 봅니다.

37=40−3이므로
(77+□)÷9×4=40입니다.
40=10×4이므로
(77+□)÷9×4=10×4
→ (77+□)÷9=10
양변에 9를 곱해도 등식은 성립합니다.
(77+□)÷9×9=10×9
→ (77+□)=90
따라서 □=13입니다.

다른 풀이
연산의 역과정을 이용한 풀이는 다음과 같습니다.
(77+□)÷9×4−3=37
→ (77+□)÷9×4=40((77+□)÷9×4는 37보다 3 큰 수)
→ (77+□)÷9=10((77+□)÷9는 40을 4로 나눈 수)
→ (77+□)=90((77+□)는 10에 9를 곱한 수)
→ □=13

2단원 약수와 배수 • 18쪽~25쪽

가1. ②	**가2.** ⑤	**나1.** 5개	**나2.** 6개
다1. 30	**다2.** 20	**라1.** 984, 981	**라2.** 756

가1. 단계별 힌트

1단계	개념을 다시 읽습니다.
2단계	1의 약수는 몇 개입니까?

1의 약수는 하나밖에 없습니다. 따라서 틀린 것은 ②입니다.

가2. 단계별 힌트

1단계	약수와 배수의 성질을 복습합니다.
2단계	□의 약수를 직접 구해 봅니다.
3단계	□의 약수를 여러 가지 곱셈식으로 나타낼 수 있습니다.

□의 약수는 □를 나누어떨어지게 하는 수이므로 □의 약수를 모두 구하면 다음과 같습니다.

1, 7, 11, 13, 7×11, 7×13, 11×13, 7×11×13

① □는 7로 나누어떨어지므로 맞습니다.

② 모든 수는 자기 자신을 배수로 가지므로 맞습니다.

③ 3×□는 □의 3배이므로 맞습니다.

④ 4×□를 □로 나누면 나누어떨어지므로 맞습니다.

⑤ □의 약수는 1, 7, 11, 13, 7×11, 7×13, 11×13, 7×11×13으로 총 8개입니다.

따라서 옳지 않은 보기는 ⑤번입니다.

나1. 단계별 힌트

1단계	예제 풀이를 복습합니다.
2단계	2의 배수부터 차례대로 세면서 조건에 맞지 않는 수를 제거합니다.
3단계	짝수는 항상 2로 나누어떨어지므로, 30 이상의 수 가운데 약수가 1과 자기 자신만 되려면 홀수여야 합니다.

모든 수는 1과 자기 자신을 약수로 가지므로, 30부터 50까지의 수 중 1 외에 약수가 없는 수를 찾아봅니다.

2의 배수: 30, 32, 34, 36, 38, 40, 42, 44, 46, 48, 50

3의 배수: 30, 33, 36, 39, 42, 45, 48

5의 배수: 30, 35, 40, 45, 50

7의 배수: 35, 42

11의 배수: 33, 44

13의 배수: 39

17의 배수: 34

19의 배수: 38

23의 배수: 46

⋮

31의 배수: 31(자기자신)

37의 배수: 37(자기자신)

41의 배수: 41(자기자신)

43의 배수: 43(자기자신)

47의 배수: 47(자기자신)

약수가 2개뿐인 수는 31, 37, 41, 43, 47입니다.

따라서 답은 5개입니다.

나2. 단계별 힌트

1단계	예제 풀이를 복습합니다.
2단계	같은 수를 2번 곱한 수의 약수의 개수는 홀수입니다.

약수의 개수가 홀수인 수는 같은 수를 2번 곱한 수입니다. 같은 수를 2번 곱한 수 중 두 자리 수가 되는 수를 찾아봅니다.

4×4=16

5×5=25

6×6=36

7×7=49

8×8=64

9×9=81

따라서 답은 6개입니다.

다1. 단계별 힌트

1단계	예제 풀이를 복습합니다.
2단계	어떤 두 수의 곱은 그 두 수의 최대공약수와 최소공배수의 곱과 같습니다.
3단계	최소공배수를 □라고 놓고 식을 세워 봅니다.

어떤 두 수의 곱은 그 두 수의 최대공약수와 최소공배수의 곱과 같습니다. 그러므로 최소공배수를 □라고 식을 세워 봅니다.

5×□=150입니다.

따라서 □=30입니다.

다2. 단계별 힌트

1단계	예제 풀이를 복습합니다.
2단계	어떤 두 수의 곱은 그 두 수의 최대공약수와 최소공배수를 곱한 값과 같습니다.
3단계	어떤 수를 □라고 놓고 식을 세워 봅니다.

어떤 두 수의 곱은 그 두 수의 최대공약수와 최소공배수의 곱과 같습니다. 그러므로 어떤 수를 □라고 식을 세워 봅니다.
24×□=4×120=480입니다.
따라서 □=20입니다.

라1. 단계별 힌트

단계	힌트
1단계	예제 풀이를 복습합니다.
2단계	4의 배수와 9의 배수를 모두 구한 다음 그중 가장 큰 수를 찾습니다.
3단계	조건을 고정시키고 배수를 찾아봅니다.

1. 4의 배수는 끝의 두 자리가 00 또는 4의 배수인 수입니다. 따라서 카드로 만들 수 있는 두 자리 수 중 4의 배수인 수를 먼저 만들면 앞에 어떤 수를 붙여도 4의 배수입니다.
- 12는 4의 배수 → 만들 수 있는 수: 412, 812, 912
- 48은 4의 배수 → 만들 수 있는 수: 148, 248, 948
- 84는 4의 배수 → 만들 수 있는 수: 184, 284, 984
- 92는 4의 배수 → 만들 수 있는 수: 192, 492, 892

이 중 가장 큰 4의 배수는 984입니다.
2. 9의 배수는 각 자리 숫자의 합이 9의 배수인 수입니다. 카드로 만들 수 있는 9의 배수를 찾아봅니다. 그런데 만들 수 있는 9의 배수는 1, 8, 9를 사용해 18을 만드는 경우밖에 없습니다.
1, 8, 9로 만들 수 있는 수는 189, 198, 819, 891, 918, 981입니다. 이중 가장 큰 수는 981입니다.

라2. 단계별 힌트

단계	힌트
1단계	예제 풀이를 복습합니다.
2단계	6의 배수는 3의 배수이면서 2의 배수입니다. 따라서 만든 수가 3의 배수인 동시에 2의 배수여야 합니다.
3단계	"2의 배수를 먼저 찾고 그 중 3의 배수가 되는 수를 찾아보면 어때? 물론 반대로 해도 되겠지."

만들 수 있는 2의 배수를 찾고, 그중 3의 배수를 찾아봅니다.
1. 2의 배수부터 찾아봅니다.
2의 배수는 끝자리가 0이거나 2의 배수인 수입니다. 따라서 끝자리에 올 수 있는 수는 4와 6입니다.
끝자리가 4인 경우 → 564, 574, 654, 674, 754, 764
끝자리가 6인 경우 → 456, 476, 546, 576, 746, 756
2. 3의 배수는 각 자리 숫자들의 합이 3의 배수인 수입니다. 앞서 찾은 2의 배수의 수 중 각 자리 숫자들의 합이 3의 배수가 되는 경우를 찾아봅니다.
564, 654, 456, 546, 576, 756이 3의 배수입니다.
이 중 가장 큰 수는 756입니다.

3단원 규칙과 대응

• 28쪽~31쪽

가1. 1) 18 2) 0 **가2.** (1, 6), (4, 4), (7, 2)
나1. 98 **나2.** 1) ○=(□÷10)+1 2) 21

가1. 단계별 힌트

단계	힌트
1단계	예제 풀이를 복습합니다.
2단계	모든 식에 포함된 △를 이용해 □와 ○의 값을 구해 봅니다.
3단계	정리를 위해 표를 만들어 봅니다.

△는 ○에 3을 더한 수, □는 △를 2배 한 수이므로 관계식에서 가장 작은 수는 ○입니다. 따라서 ○를 차례대로 늘어놓고 값을 찾아봅니다. 이를 표로 만들어 보면 다음과 같습니다.

○	0	1	2	3	4	5	6
△	3	4	5	6	7	8	9
□	6	8	10	12	14	16	18

1) ○가 6이면 △=6+3=9, □=2×9=18
2) □가 6이면 △=6÷2=3, ○=3−3=0

가2. 단계별 힌트

단계	힌트
1단계	예제 풀이를 복습합니다.
2단계	○에 1부터 차례대로 넣어 보며 값을 찾아갑니다.
3단계	정리를 위해 표를 만들어 봅니다.

□=20이라면 주어진 식을 활용해 다음과 같은 식을 세울 수 있습니다.
2×○+3×◇=20
○와 ◇는 모두 자연수이므로 ○에 차례대로 1부터 넣어 가며 만족하는 수를 찾습니다.

○	1	2	3	4	5
◇	6	×	×	4	×

○	6	7	8	9	10
◇	×	2	×	×	0

○와 ◇는 모두 자연수이므로 답은 (1, 6), (4, 4), (7, 2)입니다.

다른 풀이

○가 아닌 ◇에 차례대로 1부터 넣어 가며 만족하는 수를 찾아도 좋습니다.

◇	1	2	3	4	5	6
○	×	7	×	4	×	1

◇=7일 때 3×7=21이므로 ◇는 7을 넘을 수 없습니다.
답은 (1, 6), (4, 4), (7, 2)입니다.
(쓰는 순서는 (○, ◇)이므로, 순서가 바뀌지 않도록 유의합니다.)

나1. 단계별 힌트

1단계	예제 풀이를 복습합니다.
2단계	□가 1씩 늘어날 때 ○가 몇씩 늘어나는지 확인합니다.
3단계	□와 ○의 관계를 식으로 써 봅니다.

□가 1씩 늘어날 때 ○가 5씩 늘어나므로 ○=5×□ 꼴의 식을 세울 수 있습니다.
그런데 □가 1일 때 ○가 3이므로, 식에서 2를 빼야 합니다.
따라서 ○=5×□−2입니다.
□가 20일 때 ○의 값은 5×20−2=98입니다.

나2. 단계별 힌트

1단계	예제 풀이를 복습합니다.
2단계	"십의 자리 수를 넣었는데 일의 자리 수가 나왔어. 이렇게 되려면 어떻게 해야 할까? 빼거나 나누거나 해야겠지?"
3단계	"넣은 수의 십의 자리 숫자만 떼어서, 그걸 나온 수와 비교해 봐. 차이가 얼마야?"

1) 넣은 수와 나온 수 사이의 관계를 살펴보면, 넣은 수에서 0을 지우고 1을 더하면 나온 수가 되는 것을 알 수 있습니다. (30 → 3+1=4, 50 → 5+1=6, 70 → 7+1=8)
넣은 수에서 0을 지운다는 건 자릿값이 내려갔다는 뜻입니다. 즉 10으로 나누어 주면 됩니다.
따라서 관계식은 ○=(□÷10)+1입니다.
2) □가 20일 때 ○의 값은 (200÷10)+1=21입니다.

4단원 약분과 통분

• 34쪽~39쪽

가1. 59개 **가2.** 84개 **나1.** $\frac{24}{56}$ **나2.** $\frac{60}{140}$
다1. 21 **다2.** 19

가1. 단계별 힌트

1단계	예제 풀이를 복습합니다.
2단계	약분이 가능하려면 분모와 분자가 공배수를 가져야 합니다.
3단계	2와 5의 공배수는 10입니다.

$\frac{□}{100}$는 진분수이므로 □에 들어갈 수 있는 수는 1~99까지입니다.
100=2×2×5×5입니다. 따라서 약분을 할 수 있으려면 분자에 2의 배수 또는 5의 배수가 들어가야 합니다.
1~99까지의 수 중 2의 배수는 49개, 5의 배수는 19개입니다. 그런데 여기서 2와 5의 공배수인 10의 배수가 중복되므로 빼 줘야 합니다. 10의 배수는 9개입니다.
따라서 (2 또는 5의 배수의 개수)=49+19−9=59(개)
따라서 □에 들어갈 수 있는 수는 59개로, 약분할 수 있는 분수는 59개입니다.

가2. 단계별 힌트

1단계	예제 풀이를 복습합니다.
2단계	기약분수는 분모와 분자가 1 외의 공약수를 가지지 않습니다.
3단계	"3과 7의 공배수는?"

$\frac{□}{147}$는 진분수이므로 □에 들어갈 수 있는 수는 1~146까지입니다.
147을 3으로 나누면 49고 49는 7×7입니다. 따라서 147=3×7×7입니다. $\frac{□}{147}$가 기약분수가 되려면 분자에 3의 배수 혹은 7의 배수가 들어가면 안 됩니다. 그러므로 3과 7의 배수의 개수를 구한 후 146개에서 빼 주면 됩니다.
1~146까지의 수 중 3의 배수는 48개(3, 6, 9, 12 … 144), 7의 배수는 20개(7, 14, 21 … 140)입니다. 그런데 여기서 3과 7의 공배수인 21의 배수가 중복되므로 빼 줘야 합니다. 21의 배수는 6개(21, 42, …, 126)입니다.
따라서 1~146까지의 수 중 147과 공약수가 있는 수의 개수는 48+20−6=62(개)입니다.
따라서 기약분수의 개수는 146−62=84(개)입니다.

나1. 단계별 힌트

1단계	예제 풀이를 복습합니다.
2단계	분모와 분자에 같은 수를 곱해도 값은 같습니다.

3단계	문제의 조건에 맞게 만들려면 분모와 분자에 어떤 수를 곱해야 합니까?

$\frac{3}{7}$의 분모와 분자에 동일한 수를 곱해 봅니다.

$\frac{7\times\square}{3\times\square}$

분모와 분자의 합이 80이므로 $7\times\square+3\times\square=10\times\square=80$

따라서 $\square=8$이므로, 분모와 분자에 8을 곱해 분모와 분자의 합을 80으로 만듭니다. $\frac{3}{7}=\frac{3\times8}{7\times8}=\frac{24}{56}$

나2. 단계별 힌트

1단계	예제 풀이를 복습합니다.
2단계	분모와 분자에 같은 수를 곱해도 값은 같습니다.
3단계	문제의 조건에 맞게 만들려면 분모와 분자에 어떤 수를 곱해야 합니까?

$\frac{3}{7}$의 분모와 분자의 차가 4이므로 분모와 분자에 20을 곱해 차이를 80으로 만듭니다. $\frac{3}{7}=\frac{3\times20}{7\times20}=\frac{60}{140}$

다1. 단계별 힌트

1단계	예제 풀이를 복습합니다.
2단계	분모와 분자에 같은 수를 곱해도 값은 같습니다.
3단계	두 분수의 분모와 분자가 각각 얼마나 차이 나는지 비교해 봅니다.

$\frac{35}{59}$의 분모와 분자의 차는 24고, $\frac{7}{10}$의 분모와 분자의 차는 3입니다. 따라서 $\frac{7}{10}$의 분모, 분자에 8을 곱해 차를 24로 만듭니다.

$\frac{7}{10}=\frac{7\times8}{10\times8}=\frac{56}{80}=\frac{35+21}{59+21}$입니다. 답은 21입니다.

다2. 단계별 힌트

1단계	예제 풀이를 복습합니다.
2단계	분모와 분자에 같은 수를 곱해도 값은 같습니다.
3단계	두 분수의 분모와 분자가 각각 얼마나 차이 나는지 비교해 봅니다.

$\frac{35}{59}$의 분무와 분자의 차는 24, $\frac{2}{5}$의 분모와 분자의 차는 3입니다. 따라서 $\frac{2}{5}$의 분모, 분자에 8를 곱해 차를 24로 만듭니다.

$\frac{2}{5}=\frac{2\times8}{5\times8}=\frac{16}{40}=\frac{35-19}{59-19}$입니다. 답은 19입니다.

5단원 분수의 덧셈과 뺄셈

• 42쪽~49쪽

가1. 1) (왼쪽부터 차례대로) 2, 3, 3, 2

2) (왼쪽부터 차례대로) 1, 3, 6, 12, 4, 2

3) (왼쪽부터 차례대로) 1, 2, 3, 4, 12, 6, 4, 3

가2. $\frac{1}{12}+\frac{1}{6}+\frac{1}{2}$, $\frac{1}{6}+\frac{1}{4}+\frac{1}{3}$

나1. $\frac{5}{6}$ **나2.** $\frac{8}{9}$ **다1.** $2\frac{2}{5}$, $1\frac{1}{5}$

다2. ㉠$=2\frac{1}{12}$, ㉡$=\frac{1}{3}$ **라1.** 7시간 **라2.** 3시간

가1. 단계별 힌트

1단계	예제 풀이를 복습합니다.
2단계	분모의 약수를 적어 보고, 분자의 합으로 나타낼 수 있는 약수들을 골라 봅니다.
3단계	분수를 약분해 분자를 1로 만듭니다.

1) 분모인 6의 약수는 1, 2, 3, 6입니다.

따라서 분자인 5를 2와 3의 합으로 나타냅니다.

$\frac{5}{6}=\frac{2}{6}+\frac{3}{6}=\frac{1}{3}+\frac{1}{2}$

2) 분모인 12의 약수는 1, 2, 3, 4, 6, 12입니다.

따라서 분자인 10을 1과 3과 6의 합으로 나타냅니다.

$\frac{5}{6}=\frac{10}{12}=\frac{1}{12}+\frac{3}{12}+\frac{6}{12}=\frac{1}{12}+\frac{1}{4}+\frac{1}{2}$

3) 분모인 12의 약수는 1, 2, 3, 4, 6, 12입니다.

따라서 분자인 10을 1과 2와 3과 4의 합으로 나타냅니다.

$\frac{5}{6}=\frac{10}{12}=\frac{1}{12}+\frac{2}{12}+\frac{3}{12}+\frac{4}{12}=\frac{1}{12}+\frac{1}{6}+\frac{1}{4}+\frac{1}{3}$

가2. 단계별 힌트

1단계	예제 풀이를 복습합니다.
2단계	단위분수가 3개 이상이려면 분모의 약수가 3개 이상이어야 합니다.
3단계	$\frac{3}{4}$의 분모와 분자에 같은 수를 곱해도 $\frac{3}{4}$과 같습니다.

단위분수가 3개 이상이 되려면 분모의 약수가 3개 이상이어야 합니다. 분모와 분자에 3을 곱하면 $\frac{3\times3}{4\times3}=\frac{9}{12}$이 되고, 분모인 12의 약수는 1, 2, 3, 4, 6, 12가 있습니다. 이 중 3개를 골라 단위분수의 합으로 만듭니다.

1. 분자인 9를 1, 2, 6의 합으로 나타냅니다.

$\frac{3}{4}=\frac{9}{12}=\frac{1+2+6}{12}=\frac{1}{12}+\frac{2}{12}+\frac{6}{12}=\frac{1}{12}+\frac{1}{6}+\frac{1}{2}$

2. 분자인 9를 2, 3, 4의 합으로 나타냅니다.

$\frac{3}{4}=\frac{9}{12}=\frac{2+3+4}{12}=\frac{2}{12}+\frac{3}{12}+\frac{4}{12}=\frac{1}{6}+\frac{1}{4}+\frac{1}{3}$

나1. 단계별 힌트

1단계	예제 풀이를 복습합니다.
2단계	부분분수의 원리를 이용합니다. 분모를 어떤 수들의 곱으로 바꿀 수 있을까요?
3단계	2는 1×2, 6은 2×3, 12는 3×4, 20은 4×5, 30은 5×6입니다. 부분분수로 바꾸면 분수의 일부를 뺄셈으로 만들 수 있습니다.

문제의 분모는 모두 연속하는 두 수의 곱으로 나타낼 수 있습니다. 따라서 부분분수의 원리를 이용해 분수의 뺄셈 형태로 바꿔 봅니다.

$\frac{1}{2}+\frac{1}{6}+\frac{1}{12}+\frac{1}{20}+\frac{1}{30}=\frac{1}{1\times2}+\frac{1}{2\times3}+\frac{1}{3\times4}+\frac{1}{4\times5}+\frac{1}{5\times6}$

$=(\frac{1}{1}-\frac{1}{2})+(\frac{1}{2}-\frac{1}{3})+(\frac{1}{3}-\frac{1}{4})+(\frac{1}{4}-\frac{1}{5})+(\frac{1}{5}-\frac{1}{6})$

$=1-\frac{1}{6}=\frac{5}{6}$

나2. 단계별 힌트

1단계	예제 풀이를 복습합니다.
2단계	부분분수의 원리를 이용합니다. 분모를 어떤 수들의 곱으로 바꿀 수 있을까요?
3단계	문제의 분모는 모두 차이가 2인 두 수의 곱입니다. 부분분수로 바꾸면 분수의 일부를 뺄셈으로 만들 수 있습니다.

문제의 분모는 모두 차이가 2인 두 수의 곱입니다. 따라서 부분분수의 원리를 이용해 분수의 뺄셈 형태로 바꿔 봅니다.

$\frac{2}{1\times3}+\frac{2}{3\times5}+\frac{2}{5\times7}+\frac{2}{7\times9}$

$=(\frac{1}{1}-\frac{1}{3})+(\frac{1}{3}-\frac{1}{5})+(\frac{1}{5}-\frac{1}{7})+(\frac{1}{7}-\frac{1}{9})$

$=1-\frac{1}{9}=\frac{8}{9}$

다1. 단계별 힌트

1단계	예제 풀이를 복습합니다.
2단계	두 수가 □만큼 차이 나려면 두 수의 합을 반으로 나누고, 한쪽이 다른 쪽에 □의 반만큼 주게 합니다.
3단계	2단계에서 말한 □는 $1\frac{1}{5}$입니다. $1\frac{1}{5}$의 반은 얼마입니까?

두 수의 합 $3\frac{3}{5}=\frac{18}{5}$을 반으로 나누면 $\frac{18}{5}=\frac{9}{5}+\frac{9}{5}$입니다.

두 수의 차 $1\frac{1}{5}=\frac{6}{5}$의 절반인 $\frac{3}{5}$을 $\frac{9}{5}$에 각각 더하고 뺍니다.

$\frac{9}{5}+\frac{3}{5}=\frac{12}{5}=2\frac{2}{5}$, $\frac{9}{5}-\frac{3}{5}=\frac{6}{5}=1\frac{1}{5}$

두 수는 $2\frac{2}{5}$, $1\frac{1}{5}$입니다.

다른 풀이

두 수를 □, △라고 놓으면 다음의 식을 쓸 수 있습니다.

$□+△=\frac{18}{5}$, $□-△=\frac{6}{5}$

덧셈식을 이용해 뺄셈식을 만들면 △만 있는 식으로 바꿀 수 있습니다.

$□+△=□+△+(△-△)=△+△+(□-△)$

$=△+△+\frac{6}{5}=\frac{18}{5}$

$△+△+\frac{6}{5}=\frac{12}{5}+\frac{6}{5}$이므로 $△=\frac{6}{5}$입니다.

$□+△=\frac{18}{5}$, $□+\frac{6}{5}=\frac{18}{5}$이므로 $□=\frac{12}{5}$입니다.

다2. 단계별 힌트

1단계	예제 풀이를 복습합니다.
2단계	두 수가 □만큼 차이 나려면 두 수의 합을 반으로 나누고, 한쪽이 다른 쪽에 □의 반만큼 주게 합니다.
3단계	2단계에서 말한 □는 $1\frac{3}{4}$입니다. $1\frac{3}{4}$의 반은 얼마입니까?

합의 절반에 차의 절반을 각각 더하고 뺍니다. 더하고 빼기 위해 통분해야 합니다.

㉠+㉡$=2\frac{5}{12}=\frac{29}{12}=\frac{58}{24}$

㉠-㉡$=1\frac{3}{4}=\frac{7}{4}=\frac{21}{12}=\frac{42}{24}$

합의 절반은 $\frac{29}{24}$, 차의 절반은 $\frac{21}{24}$입니다.

㉠이 큰 수이므로 합의 절반에 차의 절반을 더해 구합니다.

㉠$=\frac{29}{24}+\frac{21}{24}=\frac{50}{24}=\frac{25}{12}=2\frac{1}{12}$

㉡이 작은 수이므로 합의 절반에 차의 절반을 빼서 구합니다.

㉡$=\frac{29}{24}-\frac{21}{24}=\frac{8}{24}=\frac{1}{3}$

라1. 단계별 힌트

1단계	예제 풀이를 복습합니다.
2단계	아빠, 엄마, 내가 1시간 동안 하는 일의 양을 전체 일에 대한 분수로 표현해 봅니다.
3단계	덧셈식을 세웁니다.

1시간 동안 하는 일의 양을 구합니다. 아빠는 $\frac{1}{4}$, 엄마는 $\frac{1}{6}$, 나는 $\frac{1}{12}$입니다.

아빠와 엄마가 함께 1시간 동안 하는 일의 양은 $\frac{1}{4}+\frac{1}{6}=\frac{5}{12}$입니다. 남은 일의 양은 $1-\frac{5}{12}=\frac{7}{12}$입니다.

그런데 나는 1시간에 전체 일의 양의 $\frac{1}{12}$만큼 하므로 $\frac{7}{12}$을 하기 위해서는 7시간이 걸립니다.

라2. **단계별 힌트**

1단계	예제 풀이를 복습합니다.
2단계	아빠와 엄마가 1시간 동안 채우는 물의 양, 내가 1시간 동안 퍼내는 물의 양을 수족관 전체 물의 양에 대한 분수로 표현해 봅니다.
3단계	아빠와 엄마는 채우는데 나는 퍼내므로, 뺄셈을 포함한 식을 세워야 합니다.

1시간 동안 채우는 물의 양을 전체 물의 양에 대한 분수로 표현합니다.
1시간 동안 아빠는 $\frac{1}{4}$, 엄마는 $\frac{1}{6}$씩 물을 채웁니다.
1시간 동안 퍼내는 물의 양을 전체 물의 양에 대한 분수로 표현합니다.
1시간 동안 나는 $\frac{1}{12}$씩 퍼냅니다.
아빠와 엄마가 채우고 나는 퍼냅니다. 따라서 1시간 동안 수족관에 채워지는 물의 양을 식으로 나타내기 위해서는 아빠와 엄마가 채우는 물의 양에서 내가 퍼내는 물의 양을 빼야 합니다.
$\frac{1}{4}+\frac{1}{6}-\frac{1}{12}=\frac{3}{12}+\frac{2}{12}-\frac{1}{12}=\frac{4}{12}=\frac{1}{3}$
1시간에 $\frac{1}{3}$씩 물이 채워지므로, 수족관을 다 채우는 데는 3시간이 걸립니다.

6단원 다각형의 둘레와 넓이

• 52쪽~57쪽

가1. 108cm **가2.** $13\frac{7}{15}$cm **나1.** 96cm^2
나2. 1010m^2 **다1.** 15cm^2 **다2.** 49cm^2

가1. **단계별 힌트**

1단계	예제 풀이를 복습합니다.
2단계	모든 각이 직각인 도형의 둘레의 길이를 쉽게 구하려면 어떻게 해야 합니까?
3단계	주어진 도형을 둘러싸는 직사각형을 만들어 봅니다.

가로 선분과 세로 선분이 수직이므로, 주어진 도형을 둘러싸는 직사각형을 그려 봅니다.

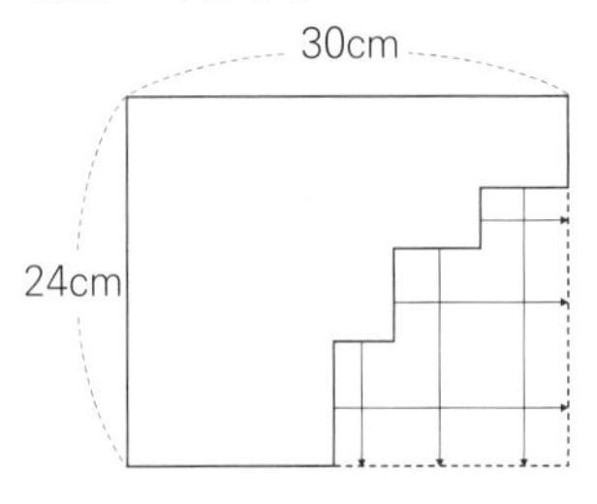

변을 밀어 가로 30cm, 세로 24cm의 직사각형을 만들 수 있습니다.
따라서 다각형의 둘레의 길이는 $(24+30)\times2=108$(cm)

가2. **단계별 힌트**

1단계	예제 풀이를 복습합니다.
2단계	모든 각이 직각인 도형의 둘레의 길이를 쉽게 구하려면 어떻게 해야 합니까?
3단계	주어진 도형의 둘레를 구하기 위해 $2\frac{4}{7}$cm란 길이를 사용해야 할까요?

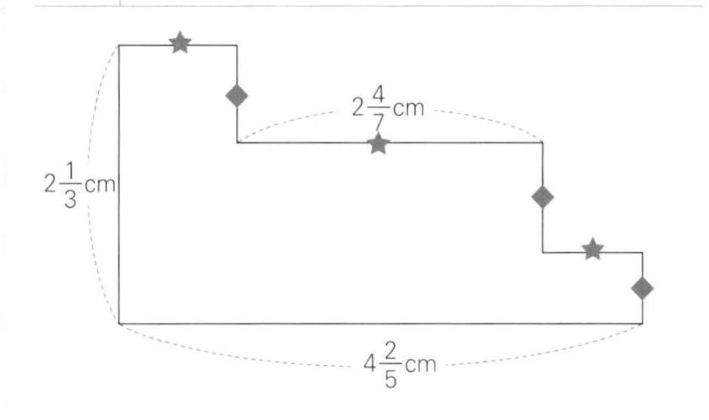

◆의 길이의 합은 왼쪽 세로의 길이인 $2\frac{1}{3}$과 같고, ★의 길이의 합은 아래쪽 가로의 길이인 $4\frac{2}{5}$와 같습니다.
따라서 도형의 둘레의 길이는 $(2\frac{1}{3}+4\frac{2}{5})+(2\frac{1}{3}+4\frac{2}{5})$
$=13\frac{7}{15}$(cm)

나1. **단계별 힌트**

1단계	예제 풀이를 복습합니다.
2단계	나머지 부분의 넓이를 쉽게 구하려면 나머지 부분들을 모아 붙여 봅니다. 나머지 부분들은 어긋남 없이 맞아 떨어집니다.
3단계	기존 도형에서 도로 때문에 얼마나 없어졌는지 가로와 세로를 각각 따져 봅니다.

평행사변형에서 도로를 잘라내고 나머지 부분을 붙여 봅니다.

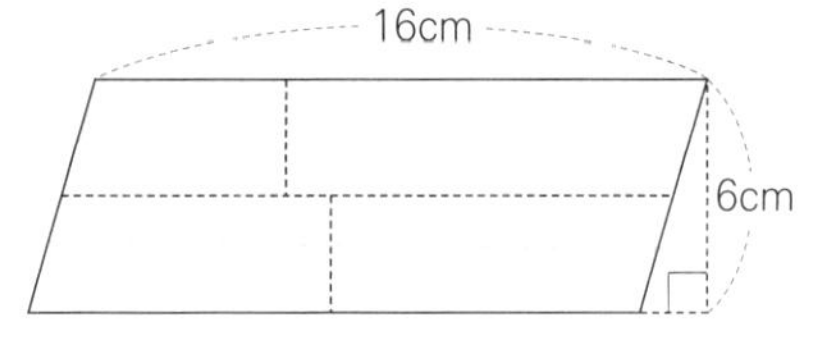

가로로 4cm, 세로로 4cm 없어졌으므로 나머지 조각을 모아 만든 평행사변형의 가로는 16cm, 세로는 6cm입니다.
이 평행사변형의 넓이는 $16\times6=96$(cm^2)입니다.

나2. 단계별 힌트

1단계	예제 풀이를 복습합니다.
2단계	나머지 부분의 넓이를 쉽게 구하려면 나머지 부분들을 모아 붙여 봅니다. 도로의 폭이 일정하기 때문에 나머지 부분들은 어긋남 없이 맞아 떨어집니다.
3단계	"중간에 가로로 난 도로는 삼각형을 지나지 않잖아. 그러니 네 조각을 한 덩이로 붙이면 모양이 딱 떨어지지 않겠지. 중간의 사각형과 양끝의 삼각형을 따로 합쳐 볼래?"

세로 방향으로 난 길은 서로 평행하기에 가장 왼쪽 삼각형과 가장 오른쪽 삼각형을 어긋남 없이 맞출 수 있습니다. 이렇게 만들어진 삼각형은 서로 높이가 18m로 같기 때문에 직사각형이 됩니다.

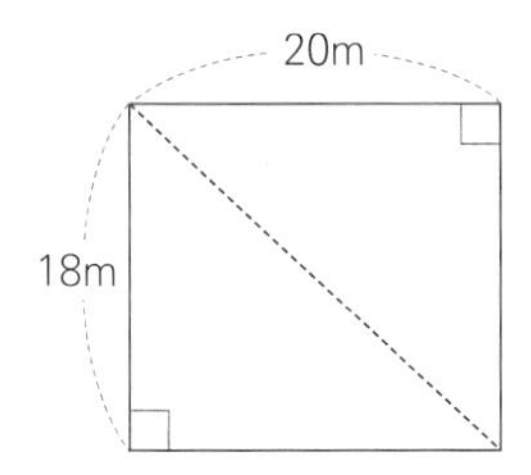

한편 가로 방향으로 난 길은 직사각형의 가로변과 평행하기에 위쪽 사각형과 아래쪽 사각형을 어긋남 없이 맞출 수 있습니다. 그런데 세로 방향으로 난 길은 서로 평행하기에, 위쪽 사각형과 아래쪽 사각형 둘 다 평행사변형이며 가로변의 길이도 같습니다. 가로변의 길이가 같은 두 개의 평행사변형을 합치면 평행사변형이 됩니다.

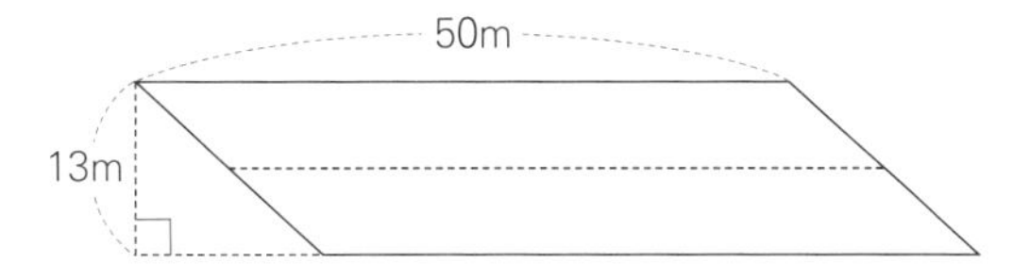

따라서 색칠한 부분의 넓이는 직사각형과 평행사변형의 넓이의 합입니다.
직사각형의 넓이는 (가로)×(세로)이므로 $20\times18=360(m^2)$입니다.
평행사변형의 넓이는 (밑변)×(높이)입니다. 밑변은 50m, 높이는 18m보다 5m 짧은 13m이므로 $50\times13=650(m^2)$입니다.
따라서 나머지 공원의 넓이는 $360+650=1010(m^2)$입니다.

다1. 단계별 힌트

1단계	높이와 밑변의 길이가 같은 삼각형은 넓이도 같습니다.
2단계	삼각형 ㄹㄴㅁ의 넓이와 같은 삼각형을 찾기 위해, 삼각형 ㄹㅁㅂ과 삼각형 ㄹㅁㄱ의 크기를 비교해 봅니다.
3단계	삼각형 ㄹㄴㅂ과 삼각형 ㄱㄴㅁ의 넓이는 같습니다. 왜인지 생각해 봅니다.

1. 삼각형 ㄹㅁㅂ과 삼각형 ㄹㅁㄱ은 밑변 ㄹㅁ의 길이가 같고, 선분 ㄹㅁ과 선분 ㄱㅂ이 평행하므로 높이도 같습니다. 따라서 삼각형 ㄹㅁㅂ과 삼각형 ㄹㅁㄱ의 넓이는 같습니다.
2. (삼각형 ㄹㄴㅂ의 넓이)=(삼각형 (ㄹㄴㅁ의 넓이)+(삼각형 ㄹㅁㅂ의 넓이)이고, 삼각형 ㄹㅁㅂ의 넓이는 삼각형 ㄹㅁㄱ의 넓이와 같습니다.
3. 삼각형 ㄹㄴㅂ과 삼각형 ㄱㄴㅁ은 삼각형 ㄹㄴㅁ을 공통으로 가집니다. 그런데 삼각형 ㄹㅁㅂ과 삼각형 ㄹㅁㄱ의 넓이가 같으므로, 결국 삼각형 ㄹㄴㅂ의 넓이는 삼각형 ㄱㄴㅁ의 넓이와 같습니다.
4. 선분 ㄴㅁ의 길이와 선분 ㅁㄷ의 길이가 같으므로, 삼각형 ㄱㄴㅁ의 넓이는 삼각형 ㄱㄴㄷ의 넓이의 절반인 $15cm^2$입니다.
5. 삼각형 ㄹㄴㅂ의 넓이는 삼각형 ㄱㄴㅁ의 넓이와 같은 $15cm^2$입니다.

다2. 단계별 힌트

1단계	예제 풀이를 복습합니다.
2단계	서로 높이가 같은 삼각형은 밑변의 길이가 넓이를 결정합니다.
3단계	삼각형 ㄱㄴㄹ과 삼각형 ㄱㄷㄹ의 넓이는 얼마나 차이 납니까?

1. 삼각형 ㄱㄴㄹ과 삼각형 ㄱㄷㄹ은 높이가 같은 삼각형입니다. 삼각형 ㄱㄴㄹ의 넓이는 $20\times(높이)\div2=140(cm^2)$이므로, 삼각형 ㄱㄴㄹ의 높이는 14cm입니다. 따라서 삼각형 ㄱㄷㄹ의 높이도 14cm이므로, 삼각형 ㄱㄷㄹ의 넓이는 $15\times14\div2=105(cm^2)$입니다.

2. 삼각형 ㄷㄹㅁ의 넓이도 같은 방법으로 구합니다. 삼각형 ㄱㄷㄹ과 삼각형 ㄷㄹㅁ은 각각 변 ㄱㄹ과 변 ㅁㄹ을 밑변으로 하고 높이가 같습니다. 삼각형 ㄱㄷㄹ의 넓이는 $15\times(높이)\div2=105(cm^2)$이므로, 삼각형 ㄱㄷㄹ의 높이는 14cm입니다. 그러므로 삼각형 ㄷㄹㅁ에서 밑변을 ㅁㄹ로 봤을 때 삼각형 ㄷㄹㅁ의 높이는 14cm입니다. 그러므로 삼각형 ㄷㄹㅁ의 넓이는 $7\times14\div2=49cm^2$입니다.

심화종합

①세트

• 60쪽~63쪽

1. 7 **2.** 52세 **3.** ○=□×4 또는 □=○÷4

4. $\frac{25}{72}$ **5.** 7개 **6.** 1159cm^2

7. 5시간 **8.** ㉠=4, ㉡=3

1

단계별 힌트

1단계	약속셈을 계산하기 복잡하면 ㉠을 왼쪽, ㉡을 오른쪽으로 생각합니다.
2단계	□가 5보다 크니, 5보다 큰 수를 대입해 봅니다.
3단계	□에 6을 넣었을 때 결과가 어떻게 나왔습니까? □는 어떤 수라고 추측할 수 있습니까?

□> 5이므로 □△5=49의 □ 안에 6, 7, 8, 9, … 등을 넣어 49가 되는지 확인해 봅니다.

□=6일 때 6△5=6×5+6×(6-5)=30+6=36이므로 □ 안에 들어갈 수 없습니다. 하지만 답이 36이므로 6과 가까운 수가 들어갈 수 있으리라 생각할 수 있습니다.

□=7일 때 7△5=7×5+7×(7-5)=35+14=49입니다.

따라서 □ 안에 알맞은 수는 7입니다.

2

단계별 힌트

1단계	7의 배수 중에 40과 60 사이의 수는 무엇입니까?
2단계	7의 배수에 8을 더해서 5의 배수가 되는 수를 찾아봅니다.

7의 배수 중에서 40과 60 사이의 수를 먼저 구합니다.

7의 배수 중에서 40과 60 사이의 수는 7×6=42, 7×7=49, 7×8=56입니다. 이 중에서 8을 더하여 5의 배수가 되는 수를 찾아봅니다.

42+8=50

49+8=57

56+8=64

이 중에서 5의 배수는 50이므로 올해 아버지의 나이는 42세입니다. 따라서 10년 후에 아버지의 나이는 42+10=52(세)입니다.

3

단계별 힌트

1단계	순서가 늘어날 때마다 바둑돌이 몇 개나 늘어납니까?
2단계	표를 이용해 정리해 봅니다.

배열 순서에 따라 바둑돌이 몇 개씩 늘어나는지 알아봅니다.

□	1	2	3	…
○	4	8	12	…

□가 1씩 커질 때마다 ○는 4씩 커집니다.

따라서 ○=□×4 또는 □=○÷4입니다.

4

단계별 힌트

1단계	$\frac{4}{9}$의 분모를 72로 통분하면 얼마입니까?
2단계	$\frac{7}{24}$과 $\frac{13}{36}$의 분모도 72로 통분해 봅니다.

통분한 다음 $\frac{4}{9}$와 차가 가장 작은 수를 구합니다.

$\frac{7}{24}=\frac{21}{72}$이고, $\frac{13}{36}=\frac{26}{72}$입니다.

이 사이의 분수는 $\frac{22}{72}$, $\frac{23}{72}$, $\frac{24}{72}$, $\frac{25}{72}$입니다.

한편 $\frac{4}{9}=\frac{32}{72}$입니다. 따라서 이 중에서 $\frac{32}{72}$에 가장 가까운 분수는 $\frac{25}{72}$입니다.

5

단계별 힌트

1단계	크기를 비교하는 문제인데 분수끼리 바로 비교할 수 없습니다. 어떻게 해야 합니까?
2단계	분모를 통분해서 분자끼리 비교해 봅니다.
3단계	분모를 몇으로 통일해야 계산이 빠르겠습니까?

분모를 통분하여 분자의 크기를 비교합니다. 3, 12, 6, 2의 최소공배수는 12이므로 12로 통분합니다.

$2\frac{1}{3}=\frac{7}{3}=\frac{28}{12}$, $1\frac{5}{12}+\frac{□}{6}=\frac{17}{12}+\frac{2×□}{12}=\frac{17+2×□}{12}$,

$3\frac{1}{2}=\frac{7}{2}=\frac{42}{12}$이므로 $\frac{28}{12}<\frac{17+2×□}{12}<\frac{42}{12}$입니다.

분모가 같으므로 분자끼리 비교 가능합니다.

따라서 28<17+2×□<42이고, □에 수를 넣어 가며 조건을 만족하는 □를 찾습니다.

□=6일 경우 28 < 29 < 42입니다.

⋮

□=12일 경우 28 < 41 < 42입니다.

따라서 □ 안에 들어갈 수 있는 사연수는 6, 7, 8, 9, 10, 11, 12로 모두 7개입니다.

다른 풀이

부등식을 이루는 식에 똑같은 수를 더하거나 빼도 그 식이 성립한다는 원리를 이용합니다.

28 < 17+2×□< 42에서 똑같이 17을 뺍니다.

→ 11 < 2×□< 25

따라서 □ 안에 들어갈 수 있는 자연수는 6, 7, 8, 9, 10, 11, 12로 모두 7개입니다.

6 단계별 힌트

1단계	겹치는 작은 정사각형의 한 변의 길이는 각각 몇입니까?
2단계	전체 정사각형에서 겹치는 부분의 넓이를 빼야 합니다.

겹치는 부분의 한 변의 길이를 각각 구합니다.
왼쪽의 파란색 정사각형과 보라색 정사각형이 겹치는 부분의 한 변의 길이는 $20-16=4$(cm)입니다. 따라서 겹치는 부분의 넓이는 $4\times4=16(cm^2)$입니다.
한편 오른쪽의 파란색 정사각형과 주황색 정사각형이 겹치는 부분의 한 변의 길이는 $20-15=5$(cm)입니다. 따라서 겹치는 부분의 넓이는 $5\times5=25(cm^2)$입니다.
도형 전체의 넓이는 3개의 정사각형 넓이의 합에서 겹치는 부분의 넓이를 뺀 것과 같습니다.
$20\times20\times3-4\times4-5\times5=1200-16-25=1159(cm^2)$

7 단계별 힌트

1단계	물의 양 전체를 1이라고 놓고, 1시간에 채우거나 빠지는 물의 양을 구해 봅니다.
2단계	㉠과 ㉡은 채우고 ㉢은 빼냅니다. 그렇다면 1시간에 얼마의 물을 채울 수 있습니까?
3단계	(㉠+㉡−㉢) 꼴의 식을 세워 봅니다.

물탱크에 가득 채운 물의 양을 1이라고 할 때, 1시간에 채울 수 있는 물의 양은 ㉠ 수도꼭지로 $\frac{1}{12}$, ㉡ 수도꼭지로 $\frac{1}{6}$입니다.
한편 ㉢ 배수구로 1시간 동안 빠져나가는 물의 양은 $\frac{1}{20}$입니다.
따라서 ㉠과 ㉡ 수도꼭지와 ㉢ 배수구를 열어 1시간 동안 채울 수 있는 물의 양은 $\frac{1}{12}+\frac{1}{6}-\frac{1}{20}=\frac{5}{60}+\frac{10}{60}-\frac{3}{60}=\frac{12}{60}=\frac{1}{5}$입니다.
1시간에 $\frac{1}{5}$을 채울 수 있으므로, 물탱크에 물을 가득 채우는 데 5시간이 걸립니다.

8 단계별 힌트

1단계	$\frac{㉠}{㉡+5}$과 $\frac{㉠}{㉡+21}$의 분자가 똑같습니다. 그렇다면 분모는 얼마만큼 차이가 나는지 알아봅니다.
2단계	$\frac{1}{2}$과 $\frac{1}{6}$의 분모는 얼마만큼 차이가 납니까?
3단계	1단계와 2단계에서 구한 값을 토대로 분모의 차이가 서로 같게 만들어 봅니다. $\frac{1}{2}$과 $\frac{1}{6}$을 분자는 똑같고 분모는 16 차이가 나게 만들면 됩니다.

$\frac{㉠}{㉡+5}=\frac{1}{2}$, $\frac{㉠}{㉡+21}=\frac{1}{6}$
이 두 식은 분자는 똑같고, 분모는 16만큼 차이가 납니다.
따라서 $\frac{1}{2}$과 $\frac{1}{6}$을 분자는 똑같고 분모는 16 차이가 나게 만듭니다.
현재 분모의 차이가 4이므로 $\frac{1}{2}$과 $\frac{1}{6}$의 분모와 분자에 4를 곱해서 분모의 차이를 16으로 만듭니다.
$\frac{㉠}{㉡+5}=\frac{1\times4}{2\times4}=\frac{4}{8}$, $\frac{㉠}{㉡+21}=\frac{1\times4}{6\times4}=\frac{4}{24}$
위의 두 식을 만족하는 값은 ㉠=4, ㉡=3입니다.

다른 풀이
주어진 식을 이용하여 ㉡을 ㉠을 사용한 덧셈식으로 나타내 봅니다.
(㉡+5)는 ㉠의 2배이므로 ㉡+5=㉠+㉠이고,
(㉡+21)은 ㉠의 6배이므로
㉡+21=(㉠+㉠)+㉠+㉠+㉠+㉠=(㉡+5)+㉠+㉠+㉠+㉠
→㉡+5+16=㉡+5+㉠+㉠+㉠+㉠
㉠+㉠+㉠+㉠=16이므로 ㉠=4입니다.
$\frac{㉠}{㉡+5}=\frac{1}{2}$이므로 ㉡+5는 ㉠의 2배입니다.
㉠+㉠=4+4=8이므로 ㉡+5=8입니다.
㉡=3입니다.

②세트

• 64쪽~67쪽

1. 12cm **2.** 6일 **3.** ㉠=150, ㉡=30
4. $\frac{4}{19}$ **5.** □=○×500, 10개
6. 8번 **7.** 4, 6, 12 **8.** 17

1 단계별 힌트

1단계	평행사변형 넓이의 $\frac{1}{5}$을 구해 봅니다.
2단계	겹치는 부분은 마름모 넓이의 몇 배입니까?
3단계	마름모 넓이를 구하는 공식을 떠올려 봅니다.

1. 평행사변형의 넓이를 구해 겹치는 부분의 넓이를 구합니다. 평행사변형의 넓이는 $10\times15=150(cm^2)$ 입니다.
겹치는 부분의 넓이가 평행사변형의 $\frac{1}{5}$이므로 겹치는 부분의 넓이는 $150\div5=30(cm^2)$입니다.
겹치는 부분의 넓이는 마름모의 넓이의 $\frac{1}{4}$이므로 마름모는 겹치는 부분의 넓이의 4배입니다. 따라서 마름모의 넓이는 $30\times4=120(cm^2)$ 입니다.
마름모의 넓이는 (한 대각선의 길이)×(다른 대각선의 길이)÷2이므로 다음과 같은 식을 세울 수 있습니다.
(한 대각선의 길이)×20÷2=120
→ (한 대각선의 길이)×10=120
따라서 (한 대각선의 길이)=120÷10=12(cm)입니다.

2

단계별 힌트

1단계	분모를 35로 통분해 봅니다.
2단계	전체 책을 1로 놓고 계산합니다.
3단계	$\frac{1}{5}$과 $\frac{1}{7}$을 계속 더하며 1보다 커지는 지점을 찾아야 합니다.

통분을 하여 파악합니다.

주현이가 둘째 날까지 읽은 책: $\frac{7}{35}+\frac{5}{35}=\frac{12}{35}$

주현이가 넷째 날까지 읽은 책: $\frac{12}{35}+\frac{12}{35}=\frac{24}{35}$

주현이가 다섯째 날까지 읽은 책: $\frac{24}{35}+\frac{7}{35}=\frac{31}{35}$

주현이가 여섯째 날까지 읽은 책: $\frac{31}{35}+\frac{5}{35}=\frac{36}{35}$

소설책을 다 읽는 데 6일이 걸립니다.

3

단계별 힌트

1단계	180의 약수를 찾아봅니다.
2단계	$180=2\times2\times3\times3\times5$입니다.
3단계	분모에 똑같은 수가 3번 곱해지게 하려면 $\frac{1}{180}$의 분모와 분자에 무엇을 곱하면 됩니까?

180을 가장 작은 똑같은 수들의 곱으로 나타내 봅니다.

$180=2\times2\times3\times3\times5$이므로, 분모를 ㉡×㉡×㉡과 같이 똑같은 수를 3번 곱한 수로 나타내기 위해서는 2가 1개, 3이 1개, 5가 2개 필요합니다. 즉 분모와 분자에 $(2\times3\times5\times5)$를 곱합니다.

$\frac{㉠}{㉡\times㉡\times㉡}=\frac{1}{180}=\frac{1}{2\times2\times3\times3\times5}$

$=\frac{(2\times3\times5\times5)}{(2\times2\times3\times3\times5)\times(2\times3\times5\times5)}$

$=\frac{(2\times3\times5\times5)}{(2\times3\times5)\times(2\times3\times5)\times(2\times3\times5)}$

$=\frac{150}{30\times30\times30}$

㉠=150, ㉡=30입니다.

4

단계별 힌트

1단계	어떤 분수를 $\frac{○}{□}$라고 놓고 생각해 봅니다.
2단계	$\frac{1}{4}=\frac{2}{8}=\frac{3}{12}=\frac{4}{16}=\cdots$, $\frac{1}{5}=\frac{2}{10}=\frac{3}{15}=\frac{4}{20}=\cdots$
3단계	(분모−3)과 (분모+1)은 차이가 4입니다.

약분하기 전의 분수와 크기가 같은 분수를 생각해 봅니다.

어떤 분수를 $\frac{○}{□}$라고 놓으면

$\frac{○}{□-3}=\frac{1}{4}=\frac{2}{8}=\frac{3}{12}=\frac{4}{16}=\cdots$이고,

$\frac{○}{□+1}=\frac{1}{5}=\frac{2}{10}=\frac{3}{15}=\frac{4}{20}=\cdots$입니다.

분모에 하나는 3을 빼고 다른 하나는 1을 더했습니다. 따라서 약분하기 전 분수의 분자는 같고 분모의 차가 4인 분수를 찾습니다.

$\frac{○}{□-3}=\frac{4}{16}$, $\frac{○}{□+1}=\frac{4}{20}$이므로, ○=4, □=19입니다.

따라서 어떤 분수 $\frac{○}{□}$는 $\frac{4}{19}$입니다.

5

단계별 힌트

1단계	사탕 1개의 무게부터 구해 봅니다.
2단계	사탕 1g당 가격을 구할 수 있습니다.
3단계	1단계와 2단계의 정보를 종합해 사탕 1개의 가격을 구해 봅니다.

사탕의 무게, 사탕의 가격과 사탕의 수 사이의 대응 관계를 알아봅니다.

사탕 10개의 무게가 200g입니다.

따라서 사탕 1개의 무게는 $200\div10=20$(g)입니다.

이 사탕의 40g당 가격은 1000원이므로 사탕 20g의 가격은 500원입니다. 사탕 1개의 무게가 20g이므로 사탕 1개의 가격은 500원입니다.

□와 ○ 사이의 대응 관계를 식으로 나타내면 □=○×500입니다.

□=5000일 때 5000=○×500이므로 ○=10입니다.

5000원으로 살 수 있는 사탕은 모두 10개입니다.

6

단계별 힌트

1단계	종이를 1번 자를 때마다 몇 장으로 늘어납니까?
2단계	도형 문제가 아니라 대응 관계 문제입니다.
3단계	표로 정리해서 풀어 봅니다.

자른 횟수와 종이의 수 사이의 대응 관계를 알아봅니다.

자른 횟수	1	2	3	4	…
잘린 종이의 수	2	4	8	16	…

잘린 종이의 수는 바로 앞 종이의 수의 2배이므로

$1\times2=2$

→ $2\times2=4$

→ $4\times2=8$

→ $8\times2=16$

→ $16\times2=32$

→ $32\times2=64$

→ $64\times2=128$

→ $128\times2=256$

잘린 종이의 수가 256장이 되려면 종이를 8번 잘라야 합니다.

7 단계별 힌트

1단계	어떤 수로 85를 나누면 나머지가 1입니다. 그렇다면 어떤 수로 84를 나누면 나누어떨어집니다. 같은 논리로 75도 파악해 봅니다.
2단계	84와 72를 나눌 수 있는 수는 공약수입니다.
3단계	나누는 수는 나머지보다 커야 합니다.

어떤 수로 85를 나누면 1이 남으므로 어떤 수는 84의 약수이고, 어떤 수로 75를 나누면 3이 남으므로 어떤 수는 72의 약수입니다. 즉 어떤 수는 84와 72의 공약수입니다.

$$\begin{array}{r|rr} 2 & 84 & 72 \\ \hline 2 & 42 & 36 \\ \hline 3 & 21 & 18 \\ \hline & 7 & 6 \end{array}$$

→ 최대공약수: $2\times2\times3=12$

따라서 어떤 수가 될 수 있는 수는 12의 약수 1, 2, 3, 4, 6, 12입니다. 그런데 나누는 수는 나머지보다 커야 하므로, 어떤 수가 될 수 있는 수는 3보다 큰 4, 6, 12입니다.

8 단계별 힌트

1단계	어떤 수를 □라고 놓고 식을 만들어 봅니다.
2단계	□×18−□×13 = □×(18−13) 임을 이용합니다.

어떤 수를 □라고 하여 식을 만들어 봅니다.
어떤 수를 □라고 하면 □×18−□×13=85
→ □×(18−13)=85
→ □×5=85
→ □=85÷5=17
따라서 어떤 수는 17입니다.

보충개념
10×7−10×3=10×(7−3)=10×4=40
이것을 일반화하면
□×△−□×○=□×(△−○)

③세트 • 68쪽~71쪽

1. 26판 **2.** 99, 165 **3.** 36번 **4.** $\frac{2}{9}$
5. $\frac{1}{3}$ **6.** 38cm^2 **7.** $12\frac{24}{35}$시간 **8.** 5번

1 단계별 힌트

1단계	하루에 사용하는 달걀의 개수를 구한 후, 일주일에 사용하는 달걀의 개수를 구합니다.
2단계	일주일에 사용하는 달걀의 개수를 구하고 남은 달걀의 개수를 더하면 처음 사 온 달걀의 수가 나옵니다.

하루에 사용하는 달걀은 30×3+10=100(개)이므로
일주일 동안 사용한 달걀은 100×7=700(개)입니다.
처음에 사 온 달걀은 700+30×2+20=780(개)입니다.
780÷30=26이므로, 처음 사 온 달걀은 모두 26판입니다.

2 단계별 힌트

1단계	두 수의 최대공약수는 33이므로 두 수를 33×□, 33×○라고 놓을 수 있습니다.
2단계	33×□+33×○=264, 33×□×○=495입니다.

구하는 두 수를 가=33×□, 나=33×○라고 합니다. (□와 ○의 공약수는 1밖에 없습니다)
두 수의 최소공배수가 495이므로 33×□×○=495입니다.
→ □×○=495÷33=15
두 수의 합이 264이므로 33×□+33×○=33×(□+○)=264입니다.
→ □+○=264÷33=8
□×○=15, □+○=8이므로
□=3, ○=5이고
가=33×3=99, 나=33×5=165입니다.
구하는 두 수는 99, 165입니다.

3 단계별 힌트

1단계	슬기는 악수를 몇 번 했습니까?
2단계	악수는 두 사람이 합니다.
3단계	슬기와 친구들의 수는 몇 명입니까?

사람이 1명씩 늘어날 때마다 악수를 몇 번씩 하는지 알아봅니다.

사람 수(명)	2	3	4	5	…
악수한 횟수(번)	1	3	6	10	…

2×1÷2=1
3×2÷2=3

$4\times3\div2=6$

$5\times4\div2=10$,

악수한 사람 수를 □, 악수한 횟수를 ○라고 하고 □와 ○ 사이의 대응 관계를 식으로 나타내 봅니다.

○=□×(□-1)÷2입니다.

슬기와 8명의 친구들이 악수를 한 것이므로 모두 9명이 악수를 한 것과 같습니다.

(9명이 악수한 횟수)$=9\times(9-1)\div2=36$(번)

다른 풀이

슬기는 친구 8명과 악수를 했습니다. 다른 친구들도 8명과 악수를 했습니다. 전체 인원이 9명이므로, 모든 친구들이 악수한 회수는 (전체 인원 수)×(한 사람이 악수한 횟수)$=9\times8=72$입니다. 그런데 악수는 두 사람이 하는 것이므로, 악수가 한 번 벌어질 때 두 사람이 그 악수한 행위를 세게 됩니다. 즉, 나와 친구가 악수를 하면 나도 1번 악수했고, 친구도 1번 악수했다고 세게 됩니다. 그러나 사실 악수하는 행위는 1번만 벌어진 것입니다. 따라서 2로 나누어야 합니다.

(전체 악수 횟수)=(전체 인원 수)×(한 사람이 악수한 횟수)÷2$=9\times8\div2=36$(번)

4 단계별 힌트

1단계	분모가 같은 분수가 몇 개씩 있습니까?
2단계	하나씩 나열하며 규칙을 찾아봅니다.

분모가 같은 분수끼리 묶어서 생각해 봅니다.

분모가 2인 분수는 $\frac{1}{2}$로 1개

분모가 3인 분수는 $\frac{1}{3}$, $\frac{2}{3}$로 2개

분모가 4인 분수는 $\frac{1}{4}$, $\frac{2}{4}$, $\frac{3}{4}$로 3개

분모가 5인 분수는 $\frac{1}{5}$, $\frac{2}{5}$, $\frac{3}{5}$, $\frac{4}{5}$로 4개 …

분모가 1씩 커질수록 분수의 개수는 1씩 늘어납니다.

$1+2+3+4+5+6+7=28$이므로

30번째 분수는 분모가 9인 분수들 중 두 번째인 $\frac{2}{9}$입니다.

$\frac{2}{9}$은 기약분수이므로 약분할 필요 없이 정답입니다.

5 단계별 힌트

1단계	분모를 차가 1인 두 수의 곱으로 표현해 봅니다.
2단계	부분분수의 공식을 복습합니다.

보기와 같이 분모를 차가 1인 두 수의 곱이 되도록 만들어 봅니다.

$\frac{1}{6}+\frac{1}{12}+\frac{1}{20}+\frac{1}{30}$

$=\frac{1}{2\times3}+\frac{1}{3\times4}+\frac{1}{4\times5}+\frac{1}{5\times6}$

$=\frac{1}{2}-\frac{1}{3}+\frac{1}{3}-\frac{1}{4}+\frac{1}{4}-\frac{1}{5}+\frac{1}{5}-\frac{1}{6}$

$=\frac{1}{2}-\frac{1}{6}=\frac{6}{12}-\frac{2}{12}=\frac{4}{12}=\frac{1}{3}$

6 단계별 힌트

1단계	가장 작은 정사각형의 한 변의 길이를 □라고 놓고 식을 세워 봅니다.
2단계	다른 정사각형의 한 변의 길이를 □를 이용해 표현할 수 있습니다.
3단계	중간 크기의 정사각형은 가장 작은 정사각형보다 변의 길이가 얼마나 큽니까?

가장 작은 정사각형의 한 변의 길이를 □cm라고 놓아 봅니다. 그러면 중간 크기의 정사각형의 한 변의 길이는 □cm보다 1cm 크고, 가장 큰 정사각형의 한 변의 길이는 중간 크기의 정사각형의 한 변의 길이보다 2cm가 크므로 □cm보다 (1+2)cm가 큽니다. 모든 정사각형의 한 변의 길이를 합하면 10cm이므로 다음과 같이 식을 세울 수 있습니다.

□+(□+1)+(□+1+2)=10

→ □×3+4=10

→ □×3=6

→ □=2(cm)

따라서 도형의 넓이는 $(2\times2)+(3\times3)+(5\times5)$

$=4+9+25=38$(cm^2)입니다.

7 단계별 힌트

1단계	의자 4개를 만들기 위해 몇 번을 쉬어야 합니까?
2단계	의자 4개를 만드는 데 목수가 사용하는 시간은 (만드는 시간)+(쉬는 시간)+(만드는 시간)+(쉬는 시간)+(만드는 시간)+(쉬는 시간)+(만드는 시간)입니다.

의자를 1개 만들고 1번 쉬므로 의자를 4개 만들면 총 3번 쉽니다.

의자 4개를 만드는 시간은 다음과 같이 계산합니다.

$2\frac{4}{7}+2\frac{4}{7}+2\frac{4}{7}+2\frac{4}{7}=8\frac{16}{7}=10\frac{2}{7}$(시간)

3번 쉬는 시간은 다음과 같이 계산합니다.

$\frac{4}{5}+\frac{4}{5}+\frac{4}{5}=\frac{12}{5}=2\frac{2}{5}$(시간)

따라서 의자 4개를 만드는 데 걸리는 시간은

$10\frac{2}{7}+2\frac{2}{5}=10\frac{10}{35}+2\frac{14}{35}=12\frac{24}{35}$(시간)입니다.

8 단계별 힌트

1단계	두 버스는 12와 15의 최소공배수가 흐른 시간에 만나게 됩니다.

2단계	오전 9시부터 오후 2시까지 총 몇 분입니까?

두 버스가 각각 12분마다, 15분마다 출발하므로 12와 15의 최소공배수의 배수가 되는 시간마다 동시에 출발합니다.

3) 12 15
4 5

→ 최소공배수: $3\times4\times5=60$

따라서 버스는 60분마다 동시에 출발합니다.

오전 9시부터 오후 2시까지는 5시간=300분이고

$300\div60=5$이므로 두 버스는 5번 더 동시에 출발합니다.

다른 풀이

60분은 1시간이고 오전 9시부터 오후 2시까지는 5시간이므로 5번 더 동시에 출발한다고 구해도 됩니다.

④세트

• 72쪽~75쪽

1. 50cm^2 **2.** $3\frac{3}{5}$m **3.** 6개 **4.** 202개

5. 4 **6.** 8명 **7.** $\frac{1}{5}$ **8.** 48cm^2

1 단계별 힌트

1단계	점 ㄷ과 점 ㄴ을 연결해 봅니다.
2단계	밑변의 길이와 높이가 같은 삼각형을 찾아봅니다.

점 ㄴ과 점 ㄷ을 잇는 선분을 긋고 도형을 살펴봅니다.

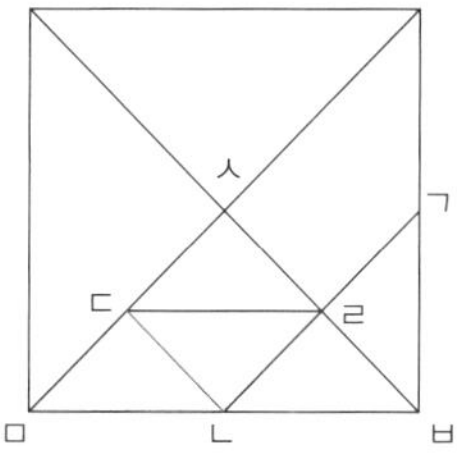

1. 삼각형 ㅅㅁㅂ은 정사각형의 넓이의 $\frac{1}{4}$입니다.
(삼각형 ㅅㅁㅂ의 넓이)$=400\div4=100$(cm^2)
2. 삼각형 ㅁㄷㄴ은 삼각형 ㄴㄹㅂ과 밑변의 길이와 높이가 같기에 넓이가 같습니다.
3. 점 ㄹ은 선분 ㄱㄴ의 중점이고 선분 ㄷㄹ은 밑변과 평행하기 때문에, 삼각형 ㅅㄷㄹ과 삼각형 ㄴㄷㄹ은 밑변의 길이와 높이가 같습니다. 따라서 넓이도 같습니다.
4. 삼각형 ㅅㅁㅂ의 넓이는 (삼각형 ㅁㄷㄴ)+(삼각형 ㄴㄹㅂ)+(삼각형 ㅅㄷㄹ)+(삼각형 ㄴㄷㄹ)입니다. 그런데 삼각형 ㅁㄷㄴ은 삼각형 ㄴㄹㅂ의 넓이와 같고, 삼각형 ㄴㄷㄹ의 넓이는 삼각형 ㅅㄷㄹ의 넓이와 같습니다.
따라서 삼각형 ㅅㅁㅂ의 넓이는
(삼각형 ㅁㄷㄴ)×2+(삼각형 ㄴㄷㄹ)×2이므로, 색칠한 사각형 ㄷㅁㄴㄹ 넓이의 2배입니다.
5. 색칠한 사각형 ㄷㅁㄴㄹ의 넓이는 삼각형 ㅅㅁㅂ 넓이의 절반이므로 $100\div2=50$(cm^2)입니다.

2 단계별 힌트

1단계	수직선을 활용해 봅니다.
2단계	태우와 준호가 2번 등장합니다. 따라서 준호 또는 태우를 기준으로 위치를 찍어 봅니다.

수직선을 그려 생각해 봅니다.

1. 호영은 준호보다 $3\frac{1}{5}$m 앞에 있습니다.

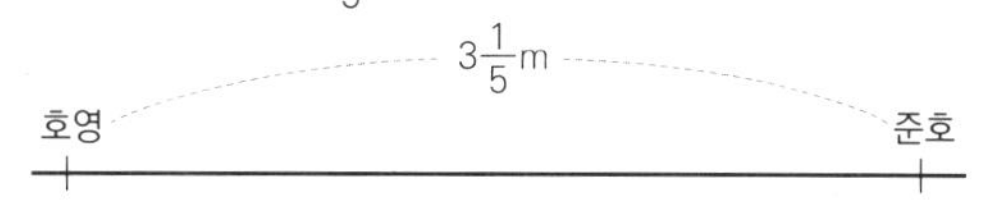

2. 태우는 준호보다 $2\frac{1}{10}$m 앞에 있습니다.

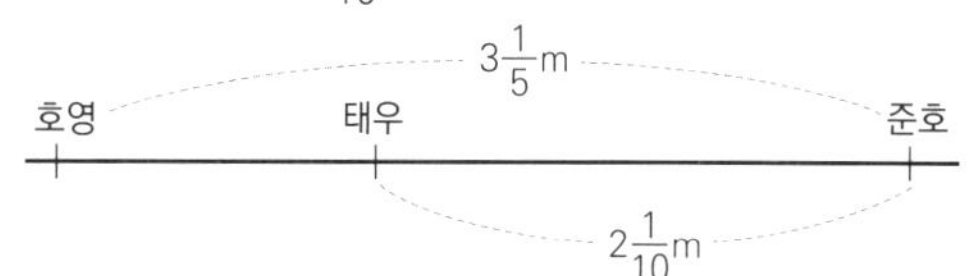

3. 진영은 태우보다 $2\frac{1}{2}$m 뒤에 있습니다.

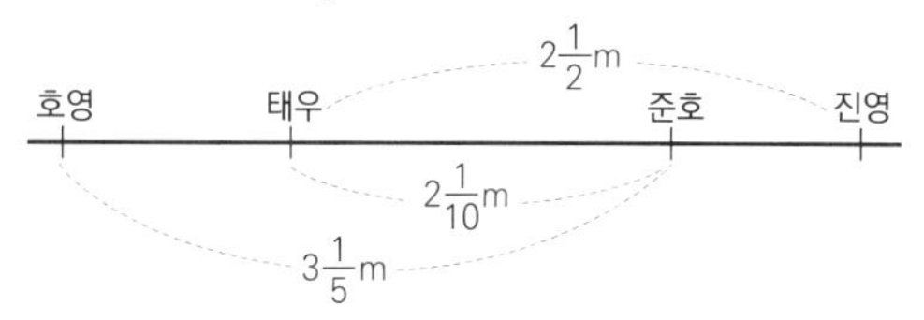

따라서 호영과 진영 사이의 거리는 호영과 준호 사이의 거리와 태우와 진영 사이의 거리의 합에서 준호와 태우 사이의 거리를 뺀 거리입니다.

따라서 $3\frac{1}{5}+2\frac{1}{2}-2\frac{1}{10}=3\frac{2}{10}+2\frac{5}{10}-2\frac{1}{10}=3\frac{6}{10}=3\frac{3}{5}$(m)입니다.

팁

수직선을 그릴 때 반드시 거리에 비례하게 완벽히 그릴 필요는 없습니다. 생각을 정리하는 도구로 이용하면 됩니다.

3 단계별 힌트

1단계	진분수는 분모가 분자보다 큰 분수입니다. 따라서 분자가 될 수 있는 수는 1부터 63까지입니다.
2단계	분자가 1이 되려면 분자가 분모를 나눌 수 있어야 합니다.
3단계	분자가 분모의 약수가 되는 경우를 생각해 봅니다.

분모가 64인 분수가 진분수가 되려면 분자는 분모보다 작아야 합니다. 따라서 분자가 될 수 있는 수는 1부터 63까지입니다.
만약 분자가 분모의 약수이면 약분이 되어 분자가 1이 됩니다. 따라서 63까지의 수 중 분모인 64의 약수인 수를 찾아봅니다.
$64=1\times64=2\times32=4\times16=8\times8$
→ 64의 약수는 1, 2, 4, 8, 16, 32, 64입니다.
따라서 기약분수로 나타냈을 때 분자가 1이 되는 분자는 1, 2, 4, 8, 16, 32이므로
$\frac{1}{64}$, $\frac{2}{64}(=\frac{1}{32})$, $\frac{4}{64}(=\frac{1}{16})$ $\frac{8}{64}(=\frac{1}{8})$, $\frac{16}{64}(=\frac{1}{4})$, $\frac{32}{64}(=\frac{1}{2})$
로 모두 6개입니다.

4 단계별 힌트

1단계	정육각형이 하나씩 늘 때 변이 몇 개씩 늘어납니까?
2단계	표를 이용해 정리해 봅니다.

정육각형이 1개씩 늘어날 때마다 변은 몇 개씩 늘어나는지 알아봅니다.

정육각형의 수	1	2	3	4	5	…
변의 수	6	10	14	18	22	…

정육각형이 하나 늘어날 때, 두 변이 붙어 안쪽으로 사라집니다. 따라서 기존 변에서 하나가 빠지고 새로운 변은 5개가 생기므로, 결과적으로 하나 늘어날 때마다 변이 4개씩 생깁니다.
정육각형의 수를 □, 변의 수를 ○라고 하면 □가 1씩 커질 때마다 ○는 4씩 커지므로 ○=□×4로 정리할 수 있습니다. 그런데 정육각형이 1개 있을 때는 변이 6개이므로 □×4에 2를 더해 ○=□×4+2로 식을 만듭니다.
따라서 □가 50일 때 ○=50×4+2=202(개)입니다.

5 단계별 힌트

1단계	식이 복잡하면 계산할 수 있는 것부터 먼저 계산해 정리합니다.
2단계	등식의 성질을 이용합니다.

계산할 수 있는 부분을 먼저 계산하여 식을 간단하게 만듭니다.
129÷3−(4×10−2×□)−24÷6=7
→ 43−(40−2×□)−4=11−4
→ 43−(40−2×□)=11
→ 43−(40−2×□)=43−32
→ 40−2×□=32
→ 40−2×□=40−8
→ 2×□=8
→ □=4
따라서 □ 안에 알맞은 수는 4입니다.

6 단계별 힌트

1단계	볼펜, 샤프, 연필이 각각 몇 개가 있어야 학생들에게 똑같이 나누어 줄 수 있습니까? 볼펜 30개를 나누어 주었더니 2개가 부족하다면 볼펜은 32개가 필요한 셈입니다.
2단계	학생에게 남김없이 똑같이 나누어 주려면 학생 수로 각각의 필기구 개수가 나누어떨어져야 합니다.
3단계	샤프가 4개 부족하다면 학생 수는 4보다 큽니다. 만약 학생 수가 4명 이하라면 4개의 샤프를 또 똑같이 나누어 줄 수 있기 때문입니다.

볼펜, 샤프, 연필이 각각 몇 개일 때 똑같이 나누어 줄 수 있는지 생각해 봅니다. 볼펜이 30+2=32(개), 샤프가 20+4=24(개), 연필이 50−2=48(개)이면 학생들에게 남김없이 똑같이 나누어 줄 수 있습니다.

```
2 ) 32   24   48
2 ) 16   12   24
2 )  8    6   12
     4    3    6
```

→ 최대공약수: 2×2×2=8
따라서 공약수는 1, 2, 4, 8이고 샤프가 4개 부족하였으므로 학생 수는 4보다 큰 수입니다. 따라서 학생 8명에게 나누어 주었습니다.

7 단계별 힌트

1단계	큰 직사각형과 남은 도형의 둘레를 비교해 봅니다.
2단계	원래 도형과 남은 도형 중, 어떤 도형의 둘레의 길이가 더 크겠습니까?
3단계	새롭게 □cm의 둘레가 두 개 생겼습니다. 이를 토대로 식을 세워 봅니다.

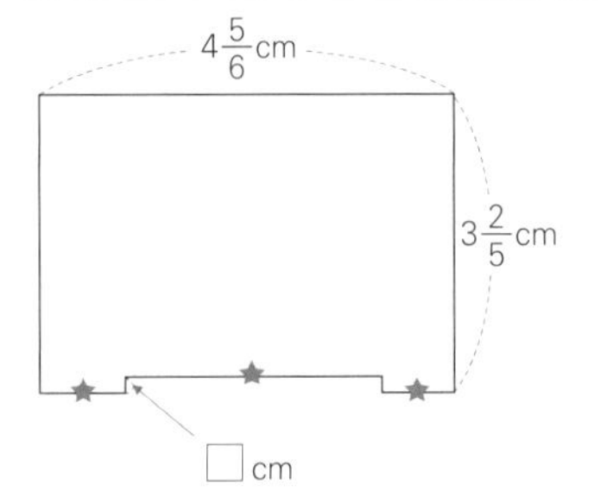

잘라낸 부분이 직사각형이므로 ★로 표시한 부분은 모두 합하면 직사각형의 가로의 길이인 $4\frac{5}{6}$와 길이가 같습니다. 따라서 (□+□) cm만큼 둘레가 더 생긴 셈이므로, 남은 도형의 둘레는 처음 직사각형의 둘레보다 (□+□)cm 더 깁니다.
(처음 직사각형의 둘레)
$=(4\frac{5}{6}+4\frac{5}{6})+(3\frac{2}{5}+3\frac{2}{5})$
$=8\frac{10}{6}+6\frac{4}{5}=9\frac{4}{6}+6\frac{4}{5}$
$=9\frac{20}{30}+8\frac{24}{30}=15\frac{44}{30}=16\frac{14}{30}=16\frac{7}{15}$
(남은 도형의 둘레) $=16\frac{7}{15}+□+□=16\frac{13}{15}$
→ $□+□=16\frac{13}{15}-16\frac{7}{15}=\frac{6}{15}=\frac{2}{5}=\frac{1}{5}+\frac{1}{5}$
따라서 $□=\frac{1}{5}$입니다.

8 단계별 힌트

1단계	주어진 도형을 밀거나 잘라서 직사각형으로 만들 수 있습니다.
2단계	도형의 왼쪽과 오른쪽은 모두 각도와 길이가 같으므로 딱 맞물립니다.
3단계	직사각형의 각 변의 길이를 구해 봅니다.

먼저 주어진 도형을 넓이를 구할 수 있는 모양을 바꾸어 봅니다. 다음과 같이 도형을 반으로 나누어 도형의 반을 옮겨 붙이면 직사각형이 됩니다.

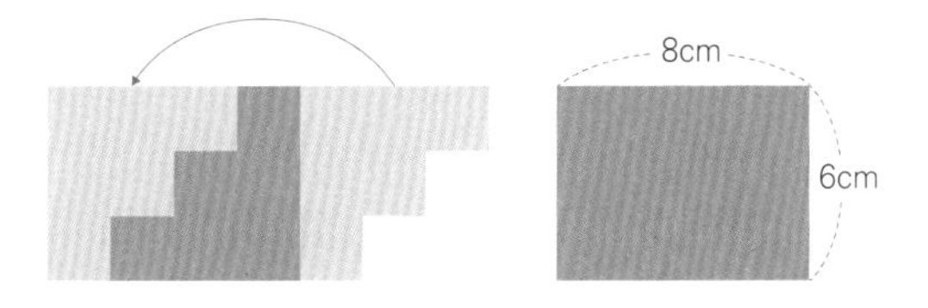

따라서 도형의 넓이는 $8\times6=48(cm^2)$ 입니다.

⑤세트

• 76쪽~79쪽

1. 540cm **2.** $60cm^2$ **3.** 19800m
4. 2cm **5.** $144cm^2$ **6.** 3600개 **7.** 7
8. □=100−(○×10)

1 단계별 힌트

1단계	10m 40cm를 똑같이 나누어 봅니다.
2단계	40cm 차이가 나게 하려면 어떻게 계산하면 됩니까?

10m 40cm을 똑같이 나눈 후, 40cm의 절반인 20cm를 더하고 빼면 40cm 차이의 긴 철사와 짧은 철사를 만들 수 있습니다.
10m 40cm은 1040cm고, 반으로 나누면 520cm입니다.
(긴 철사) = 520cm + 20cm = 540cm
(짧은 철사) = 520cm − 20cm = 500cm

2 단계별 힌트

1단계	선분 ㄱㄷ의 길이를 구해 봅니다.
2단계	사각형 ㄱㄴㅁㄹ은 사다리꼴이므로 변 ㄱㄹ과 변 ㄴㄷ이 평행합니다. 삼각형 ㄱㄴㄷ과 삼각형 ㄹㄷㅁ의 높이는 어떻게 구할 수 있습니까?
3단계	사각형 ㄱㄴㄷㄹ은 윗변과 아랫변이 평행하므로 사다리꼴입니다.

색칠한 부분의 넓이를 이용하여 선분 ㄱㄷ의 길이를 구합니다.
삼각형 ㄱㄴㄷ의 넓이와 삼각형 ㄹㅁㄷ의 넓이를 합하면 $56cm^2$입니다. 선분 ㄱㄷ은 두 삼각형의 높이이므로 이 길이를 □cm라 하고 식을 세워 봅니다.
$(8\times□\div2)+(6\times□\div2)=7\times□=56$
→ $□=56\div7=8(cm)$
사각형 ㄱㄴㄷㄹ의 넓이는 사다리꼴의 넓이를 구하는 공식을 이용해 구합니다.
(사각형 ㄱㄴㄷㄹ의 넓이) $=(8+7)\times8\div2=60(cm^2)$

다른 풀이

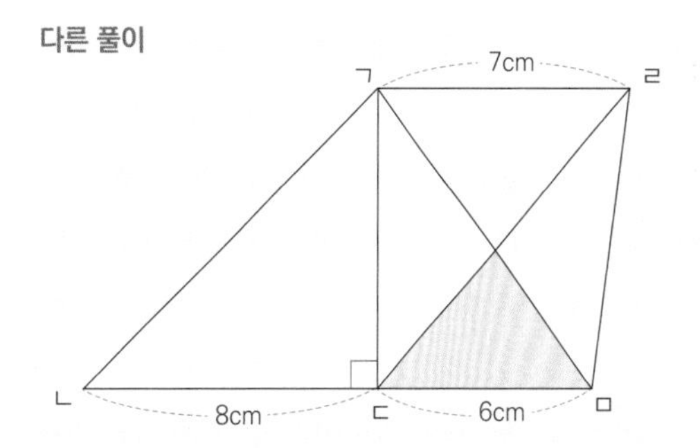

삼각형 ㄱㄴㄷ의 높이를 구하기 위해 밑변과 높이가 같은 삼각형은 넓이도 같음을 이용해도 됩니다.
삼각형 ㄹㄷㅁ과 삼각형 ㄱㄷㅁ은 밑변의 길이와 높이가 같으므로 넓이가 같습니다.
따라서 색칠한 부분의 넓이는 곧 삼각형 ㄱㄴㅁ의 넓이이기도 합니다.
(삼각형 ㄱㄴㅁ의 넓이) $=(8+6)\times□\div2=56$
→ $14\times□\div2=56$
→ $7\times□=56$
$□=56\div7=8(cm)$입니다.

3 단계별 힌트

1단계	1시간에 300km를 달린다면 1분에 얼마를 달립니까?
2단계	터널을 통과하려면 (터널 길이)+(기차 길이)만큼 달려야 합니다.
3단계	이해가 되지 않으면 터널과 기차의 그림을 그려 봅니다.

1. 기차가 4분 동안 달린 거리를 먼저 구합니다.
(1시간 동안 달린 거리) = 300km = 300000m
(1분 동안 달린 거리) = (1시간 동안 달린 거리) ÷ 60
= 300000 ÷ 60 = 5000(m)
(4분 동안 달린 거리) = (기차가 1분 동안 달린 거리) × 4
= 5000 × 4 = 20000(m)
2. 기차가 4분 동안 달려야 하는 거리를 생각합니다.
기차의 머리를 기준으로, 터널을 들어가기 시작해 완전히 빠져나오려면 터널 길이에 더해 자신의 몸통 길이만큼 더 달려야 합니다.

따라서 식을 세우면,
(기차가 4분 동안 달린 거리) = (터널의 길이) + (기차의 길이)
즉 (터널의 길이) = (기차가 4분 동안 달린 거리) − (기차의 길이)이므로 터널의 길이는 20000−200 = 19800(m)입니다.

4 단계별 힌트

1단계	작은 정사각형이 몇 개씩 늘어납니까?
2단계	둘레의 길이는 어떻게 늘어납니까? 작은 정사각형의 변을 밀어 봅니다.
3단계	배열 순서와 정사각형의 개수와 둘레의 길이를 표로 정리해 봅니다.

배열 순서, 작은 정사각형의 수, 둘레의 길이 사이의 대응 관계를 알아봅니다.
1. 배열 순서와 작은 정사각형의 개수의 관계를 알아봅니다.

배열 순서	작은 정사각형의 수(개)
1	1
2	5 = 1+4
3	13 = 1+4+8
4	25 = 1+4+8+12
⋮	⋮

작은 정사각형의 개수는 배열 순서에 따라 4, 8, 12, 16, …의 형태로 늘어나므로,
(배열 순서 5번째 정사각형의 개수) = 25+16 = 41(개)
(배열 순서 6번째 정사각형의 개수) = 41+20 = 61(개)
따라서 작은 정사각형 61개인 도형은 6번째 도형입니다.
2. 작은 정사각형의 개수와 둘레의 길이의 관계를 알아봅니다. 그림과 같이 작은 정사각형의 변을 밀어서 큰 정사각형을 만들 수 있습니다. 작은 정사각형의 한 변의 길이를 ○cm라고 하면, 둘레의 길이는 가로·세로에 들어가는 정사각형의 수의 4배가 됩니다.

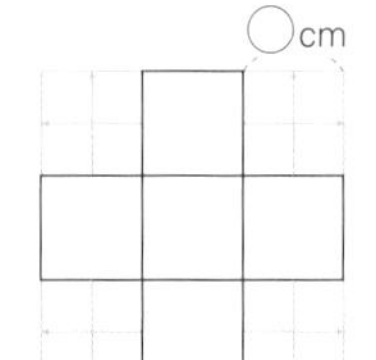

이를 표로 정리하면 다음과 같습니다.

배열 순서	작은 정사각형의 수(개)	둘레의 길이(cm)
1	1	(○×1)×4
2	5 = 1+4	(○×3)×4
3	13 = 1+4+8	(○×5)×4
4	25 = 1+4+8+12	(○×7)×4
⋮	⋮	⋮

6번째 도형의 둘레의 길이는 (○×11)×4 이므로 (○×11)×4 = 88입니다. 44×○ = 88이므로 ○ = 2입니다.
작은 정사각형의 한 변의 길이는 2cm입니다.

5 단계별 힌트

1단계	계산해 보면 (삼각형 ㄱㄷㄹ의 넓이) = (삼각형 ㄴㄷㅁ의 넓이)입니다.
2단계	(삼각형 ㄱㄴㅂ의 넓이) = (삼각형 ㅂㄹㅁ의 넓이)입니다.
3단계	점 ㅂ과 점 ㄷ을 연결해 봅니다. 삼각형 ㄱㄴㅂ과 삼각형 ㄴㄷㅂ은 높이가 같습니다. 그렇다면 밑변이 넓이를 결정합니다.

1. 삼각형 ㄱㄷㄹ과 삼각형 ㄴㄷㅁ의 넓이부터 구합니다.
(삼각형 ㄱㄷㄹ의 넓이) = 12×(10+20)÷2 = 180(cm^2)
(삼각형 ㄴㄷㅁ의 넓이) = 20×(12+6)÷2 = 180(cm^2)
두 삼각형은 넓이가 같습니다.
2. 그런데 사각형 ㄴㄷㄹㅂ이 공통된 부분이므로, 남은 삼각형 ㄱㄴㅂ의 넓이와 삼각형 ㅂㄹㅁ의 넓이는 같습니다.
3. 삼각형 ㄱㄴㅂ의 넓이를 삼각형의 넓이의 성질을 이용해 구해 봅니다. 선분 ㄷㅂ을 그어 삼각형 ㄴㄷㅂ을 만들어 봅니다.

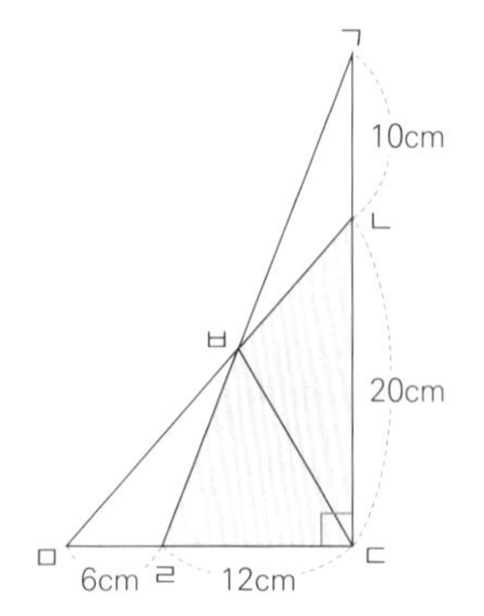

삼각형 ㄱㄴㅂ과 삼각형 ㄴㄷㅂ는 높이는 같고 밑변은 2배 차이 납니다. 따라서 삼각형 ㄴㄷㅂ의 넓이는 삼각형 ㄱㄴㅂ의 넓이의 2배입니다.
4. 삼각형 ㅂㄹㅁ과 삼각형 ㅂㄷㄹ을 비교합니다. 두 삼각형은 높이는 같고 밑변은 2배 차이 납니다. 따라서 삼각형 ㅂㄷㄹ의 넓이는 삼각형 ㅂㄹㅁ의 넓이의 2배입니다.
5. 따라서 색칠한 부분의 넓이는 삼각형 ㄱㄴㅂ의 넓이의 4배입니다.
(색칠한 부분의 넓이)
=(삼각형 ㄱㄴㅂ의 넓이)×4
=(삼각형 ㄱㄷㄹ의 넓이)÷5×4
$=180\div5\times4=144(cm^2)$

6 단계별 힌트

1단계	가로, 세로, 높이의 최소공배수를 구해 봅니다.
2단계	최소공배수 길이를 한 모서리로 가진 정육면체에 주어진 직육면체가 몇 개 들어갑니까?

가로, 세로, 높이의 최소공배수를 구합니다.

$$\begin{array}{r|rrr} 2 & 24 & 18 & 30 \\ \hline 3 & 12 & 9 & 15 \\ \hline & 4 & 3 & 5 \end{array}$$

→ 최소공배수: $2\times3\times4\times3\times5=360$
한 모서리의 길이가 360cm인 큰 상자를 만들 수 있습니다.
따라서 가로: $360\div24=15$(개), 세로: $360\div18=20$(개), 높이: $360\div30=12$(개)씩 놓아야 합니다.
따라서 상자는 $15\times20\times12=3600$(개) 필요합니다.

7 단계별 힌트

1단계	두 수의 곱과 최소공배수와의 관계를 생각해 봅니다.
2단계	잘 떠오르지 않으면 예를 들어 생각해 봅니다. 8과 6의 최대공약수는 2, 최소공배수는 24, 두 수의 곱은 48입니다.
3단계	어떤 두 수의 곱은 (최대공약수)×(최소공배수)입니다.

두 수를 ○, △라고 하고, 두 수의 최대공약수를 □라고 하면 다음과 같이 구할 수 있습니다.

$$\begin{array}{r|cc} \square & ○ & △ \\ \hline & ㉠ & ㉡ \end{array}$$

따라서 두 수는 다음과 같이 표현할 수 있습니다.
○=□×㉠, △=□×㉡
두 수의 곱이 294이고, 최소공배수는 42이므로 다음이 성립합니다.
□×㉠×□×㉡=294, □×㉠×㉡=42
→ □×㉠×□×㉡=(□×㉠×㉡)×□=42×□=294
→ □=294÷42=7

8 단계별 힌트

1단계	1분에 10L씩 물을 사용합니다. 그렇다면 ○분에는 몇 L를 사용합니까?
2단계	(남아 있는 물의 양)=100-(사용한 물의 양)

사용한 시간과 남아 있는 물의 양 사이의 대응 관계를 알아봅니다.

○	사용한 물의 양(L)	□
0	0	100
1	10=1×10	90=100-10
2	20=2×20	80=100-20
3	30=3×30	70=100-30
⋮	⋮	⋮

○가 1씩 커지면 사용한 물의 양은 ○×10입니다. 따라서 남아 있는 물의 양 □는 10씩 작아지므로 대응 관계를 식으로 나타낼 수 있습니다.
남아 있는 물의 양을 기준으로 식을 세우면 다음과 같습니다.
□=100-(○×10)

실력 진단 테스트

• 82쪽~91쪽

1. (40×6)÷(6×8)=5, 5개 **2.** 59 **3.** 4500원
4. 288 **5.** $\frac{21}{35}$ **6.** 40 **7.** 3분 **8.** $\frac{10}{9}$
9. $2\frac{17}{24}$ **10.** 1) $\frac{1}{20}$m 2) $1\frac{13}{18}$m 3) $1\frac{121}{180}$m
11. $\frac{7}{72}$ **12.** 11cm **13.** 6cm 4mm
14. 24m **15.** 48cm **16.** 8cm **17.** 12m
18. 8cm **19.** ④ **20.** $35cm^2$

1 하 단계별 힌트

1단계	1명에게 줄 수 있는 귤의 개수는 전체 귤의 개수를 전체 학생 수로 나눈 것입니다.
2단계	곱셈과 나눗셈, 괄호를 사용해 식을 씁니다.

1명에게 줄 수 있는 귤의 개수를 식으로 세우면 다음과 같습니다.
(전체 귤의 개수)÷(전체 학생 수)
=(40×6)÷(6×8)=240÷48=5(개)

2 중

단계별 힌트

단계	힌트
1단계	주어진 조건을 가지고 식을 만들어 봅니다.
2단계	㉮+㉯=34고, ㉯+㉰=44입니다. 그렇다면 (㉮+㉯)+(㉯+㉰)=34+44라고 할 수 있습니다.
3단계	세 식을 모두 더해 봅니다.

1. 조건들을 식으로 세워 봅니다.
㉮+㉯=34
㉯+㉰=44
㉰+㉮=40
2. 모든 식을 좌우가 같게 각각 더해 봅니다.
(㉮+㉯+㉰)×2=34+44+40=118
따라서 ㉮+㉯+㉰=59

3 중

단계별 힌트

단계	힌트
1단계	민호가 가지는 돈을 □라고 놓고 식을 세워 봅니다.
2단계	세 사람이 가지는 돈의 총합은 23500원입니다.

민호가 가지는 돈을 □원이라고 하면 은상이가 가지는 돈은 3×□-1800원이고, 재혁이가 가지는 돈은 □+2800(원)입니다. 이 셋이 가지는 돈을 합치면 23500원이므로 다음의 식이 성립합니다.
□+(3×□)-1800+(□+2800)=23500
→ 5×□=22500
→ □=4500
민호는 4500원을 가집니다.

4 중

단계별 힌트

단계	힌트
1단계	24와 32로 나누어떨어지는 수는 24와 32의 배수입니다.
2단계	24와 32의 최소공배수부터 구하면 200과 300 사이의 수를 찾을 수 있습니다.

2) 24 32
2) 12 16
2) 6 8
3 4

→ 최소공배수: 2×2×2×3×4=96

최소공배수 96의 배수 96, 192, 288, 384, … 중에서 200과 300 사이의 수는 288입니다.

5 상

단계별 힌트

단계	힌트
1단계	분모와 분자를 약분했더니 $\frac{3}{5}$이 나왔습니다. 그렇다면 같은 수로 분모와 분자를 나누었다는 뜻입니다.
2단계	분모와 분자를 □로 약분했다고 생각하면, 조건에 맞는 분수를 $\frac{3\times□}{5\times□}$라 놓을 수 있습니다.
3단계	3×□와 5×□의 최소공배수를 구해 봅니다.

분모와 분자를 약분하면 $\frac{3}{5}$이므로, 분모와 분자의 형태를 $\frac{3\times□}{5\times□}$로 둘 수 있습니다. 이를 약수를 구하는 식으로 다시 쓰면 다음과 같습니다.

□) 3×□ 5×□
3 5

분모와 분자의 최소공배수는 □×3×5=□×15입니다.
분모와 분자의 최소공배수는 105이므로 □×15=105입니다.
□=7이므로, 최초 분수는 $\frac{3\times□}{5\times□}=\frac{3\times7}{5\times7}=\frac{21}{35}$입니다.

6 중

단계별 힌트

단계	힌트
1단계	분모에 더하는 수를 □라고 놓고 식을 세워 봅니다.
2단계	$\frac{1+5}{8\times□}=\frac{1}{8}$입니다.
3단계	분자가 6배가 되었습니다. 그렇다면 분모에 얼마를 곱해야 같은 분수입니까?

$\frac{1+5}{8\times□}=\frac{6}{8\times□}=\frac{1}{8}$
분자가 1에서 6이 되었으므로 분모도 6배가 되어야 합니다.
즉 $\frac{1\times6}{8\times6}=\frac{6}{48}$입니다.
따라서 $\frac{1}{8}$의 분모를 48로 만들어야 하므로, 분모에 더해야 하는 수는 40입니다.

7 상

단계별 힌트

단계	힌트
1단계	전체 석유통에 들어가는 석유의 양을 1로 놓고 각 호스로 1분에 채울 수 있는 석유의 양을 구해 봅니다.
2단계	'가' 호스는 1분에 $\frac{1}{4}$만큼 채우고, '나' 호스는 1분에 $\frac{1}{12}$만큼 채웁니다.
3단계	1분 동안 두 호스로 동시에 채우는 양을 계산하려면 $\frac{1}{4}$과 $\frac{1}{12}$을 더해야 합니다.

'가' 호스는 1분에 $\frac{1}{4}$만큼 채우고, '나' 호스는 1분에 $\frac{1}{12}$만큼 채웁니다.
두 호스를 동시에 사용하면 1분 동안 채워지는 석유의 양은 $\frac{1}{4}+\frac{1}{12}=\frac{3}{12}+\frac{1}{12}=\frac{4}{12}$입니다.

석유통을 가득 채우려면 $\frac{12}{12}$가 되어야 합니다.
$\frac{4}{12}+\frac{4}{12}+\frac{4}{12}=\frac{12}{12}$이므로 3분이 걸립니다.

8 중 단계별 힌트

1단계	각 분수들의 1과의 차이를 구해 봅니다.
2단계	1에 가깝다는 것은 1과의 차이가 가장 작다는 뜻입니다.

각 분수와 1과의 차를 구해 봅니다.
$\frac{3}{4}$과 1의 차이는 $\frac{1}{4}$입니다.
$\frac{4}{5}$과 1의 차이는 $\frac{1}{5}$입니다.
$\frac{5}{6}$과 1의 차이는 $\frac{1}{6}$입니다.
$\frac{7}{8}$과 1의 차이는 $\frac{1}{8}$입니다.
$\frac{10}{9}$과 1의 차이는 $\frac{1}{9}$입니다.
그런데 $\frac{1}{4}>\frac{1}{5}>\frac{1}{6}>\frac{1}{8}>\frac{1}{9}$이므로, $\frac{10}{9}$이 1에 가장 가깝습니다.

9 중 단계별 힌트

1단계	3으로 나누어서 몫이 5이고 나머지가 2인 수를 구해 봅니다. 곱셈과 나눗셈의 역연산을 이용합니다.
2단계	1단계에서 구한 수에서 $6\frac{3}{8}$과 $7\frac{11}{12}$을 빼면 답이 나옵니다.

세 수를 더한 값을 □라고 하면 다음의 식이 성립합니다.
$□\div3=5\cdots2 \rightarrow □=3\times5+2=17$
즉 세 수를 더한 값은 17입니다.
구하려는 나머지 한 수를 라고 하면 다음의 식이 성립합니다.
$17=6\frac{3}{8}+7\frac{11}{12}+○$
$\rightarrow ○=17-6\frac{3}{8}-7\frac{11}{12}=(16\frac{8}{8}-6\frac{3}{8})-7\frac{11}{12}$
$=10\frac{5}{8}-7\frac{11}{12}=10\frac{15}{24}-7\frac{22}{24}=9\frac{39}{24}-7\frac{22}{24}=2\frac{17}{24}$

10 하 단계별 힌트

1단계	1m는 100cm입니다. 그렇다면 1cm는 몇 m입니까? 분수로 표현해 봅니다.
2단계	(연결된 테이프의 길이)=(전체 길이)-(겹치는 길이)

1) $1cm=\frac{1}{100}m$이므로 $5cm=\frac{5}{100}m=\frac{1}{20}m$입니다.
2) 파란색 테이프의 길이는 $\frac{8}{9}$, 빨간색 테이프의 길이는 $\frac{5}{6}$입니다. 따라서 파란색 테이프와 빨간색 테이프의 길이의 합은 $\frac{8}{9}+\frac{5}{6}=\frac{16}{18}+\frac{15}{18}=\frac{31}{18}=1\frac{13}{18}(m)$입니다.
3) 연결된 테이프의 길이를 구하려면 파란색 테이프와 빨간색 테이프의 길이의 합에서 중복되는 겹치는 부분의 길이를 빼면 됩니다.
$1\frac{13}{18}-\frac{1}{20}=1\frac{130}{180}-\frac{9}{180}=1\frac{121}{180}(m)$

11 상 단계별 힌트

1단계	단위분수는 분자가 1인 분수입니다.
2단계	㉠+㉡$=\frac{5}{24}$고, ㉡+㉢$=\frac{17}{72}$입니다. 그렇다면 (㉠+㉡)+(㉡+㉢)$=\frac{5}{24}+\frac{17}{72}$라고 할 수 있습니다.
3단계	세 식을 모두 더해 봅니다.

㉠+㉡$=\frac{5}{24}$, ㉡+㉢$=\frac{17}{72}$, ㉢+㉠$=\frac{7}{36}$이므로 세 식의 좌변과 우변을 모두 더해 봅니다.
(㉠+㉡)+(㉡+㉢)+(㉢+㉠)
$=\frac{5}{24}+\frac{17}{72}+\frac{7}{36}=\frac{15}{72}+\frac{17}{72}+\frac{14}{72}$
$=\frac{46}{72}=\frac{23}{72}+\frac{23}{72}$
→ (㉠+㉡+㉢)+(㉠+㉡+㉢)$=\frac{23}{72}+\frac{23}{72}$
→ ㉠+㉡+㉢$=\frac{23}{72}$
→ $\frac{5}{24}$+㉢$=\frac{23}{72}$
→ ㉢$=\frac{23}{72}-\frac{5}{24}=\frac{23}{72}-\frac{15}{72}=\frac{8}{72}=\frac{1}{9}$
㉠+㉡$=\frac{5}{24}$고 ㉢$=\frac{1}{9}$이므로,
㉠+㉡-㉢$=\frac{5}{24}-\frac{1}{9}=\frac{15}{72}-\frac{8}{72}=\frac{7}{72}$

12 하 단계별 힌트

1단계	정사각형의 둘레의 길이는 얼마입니까?
2단계	직사각형의 둘레의 길이를 구하는 법을 써 봅니다.

1. 정사각형의 둘레의 길이는 16+16+16+16=64(cm)입니다.
2. 직사각형의 둘레의 길이는 64cm고, 그 반은 32cm입니다. 가로와 세로를 합해 32cm이므로 세로의 길이는 32－21=11(cm)입니다.

다른 풀이
직사각형의 둘레의 길이는 (가로)×2+(세로)×2입니다. 따라서 직사각형의 둘레의 길이를 구하는 식을 세울 수 있습니다.
21×2+(세로)×2=64
→ 42+(세로)×2=64
→ (세로)×2=22
세로의 길이는 11cm입니다.

13 상

단계별 힌트

1단계	단위를 mm로 통일해 봅니다.
2단계	직사각형의 둘레와 똑같은 변들을 표시해 봅니다.
3단계	어떤 변들을 더해야 하는지 표시한 후 덧셈을 합니다.

다음 그림과 같이 도형에 파란색과 빨간색으로 표시한 변들의 길이의 합은 오른쪽의 직사각형의 둘레의 길이와 같습니다.

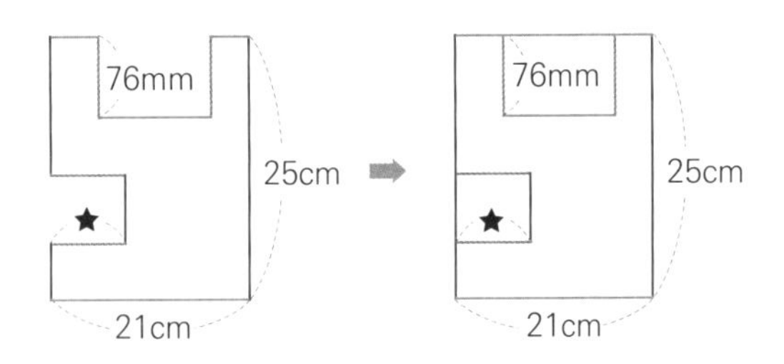

가로의 길이는 210mm, 세로의 길이는 250mm입니다. 도형의 둘레는 1200mm입니다. 따라서 도형의 둘레의 길이를 구하는 식을 다음과 같이 세울 수 있습니다.

$(210+250)\times2+★\times2+76\times2=1200$

→ $920+★\times2+152=1200$

→ $★\times2+1072=1200$

→ $★\times2=1200-1072$

→ $★\times2=128$

→ ★=64(mm)이므로 6cm 4mm입니다.

14 하

단계별 힌트

1단계	360000cm^{2}은 36m^{2}입니다.
2단계	정사각형의 넓이를 구하는 공식을 이용해 정사각형의 한 변의 길이를 구해 봅니다.

1. 360000cm^{2}는 36m^{2}입니다.
2. 정사각형의 넓이는 한 변의 길이를 두 번 곱해 구합니다.
$6\times6=36$이므로 정사각형의 한 변의 길이는 6m입니다.
3. 따라서 정사각형의 둘레의 길이는 $6\times4=24$(m)입니다.

15 하

단계별 힌트

1단계	직사각형 8개와 작은 정사각형 1개의 넓이의 합은 얼마입니까?
2단계	직사각형과 정사각형의 변의 길이를 구할 필요가 없습니다.
3단계	정사각형의 넓이를 구하는 공식을 떠올립니다.

나눈 정사각형과 직사각형의 넓이가 16cm^{2}이므로, 큰 정사각형의 넓이는 직사각형 8개와 정사각형 1개의 넓이를 모두 더해 구합니다. 즉 $16\times8+16=144$(cm^2)입니다.
정사각형의 넓이는 한 변의 길이를 두 번 곱해 구합니다.
$12\times12=144$이므로 큰 정사각형의 한 변의 길이는 12cm입니다.
따라서 큰 정사각형의 둘레의 길이는 $12\times4=48$(cm)입니다.

16 중

단계별 힌트

1단계	삼각형의 넓이를 구하는 공식을 떠올려 봅니다.
2단계	파란 삼각형의 넓이를 구할 때, 어떤 것을 밑변으로 놓느냐에 따라 식이 달라지지만 구하는 넓이는 같다는 사실을 이용합니다.
3단계	"파란 삼각형의 밑변을 12cm로 보면 높이는 어떻게 돼?"

1. 파란 삼각형의 밑변은 12cm, 높이는 4cm이므로 파란 삼각형의 넓이는 $12\times4\div2=24$(cm^2)입니다.
만약 □를 밑변으로 두면 높이는 6cm입니다.
따라서 파란 삼각형의 넓이를 구하는 식을 써 봅니다.
$\square\times6\div2=24$
→ □=8(cm)

17 중

단계별 힌트

1단계	삼각형의 넓이를 구하는 공식을 떠올려 봅니다.
2단계	밑변의 길이가 같다면, 높이가 몇 배가 되야 넓이가 2배가 됩니까?

(삼각형의 넓이)=(밑변)×(높이)÷2이므로 높이만 늘여 넓이가 2배가 되게 하려면 높이도 2배가 되어야 합니다.
16×(처음 삼각형의 높이)÷2=48이므로, 처음 삼각형의 높이는 6m입니다.
따라서 늘어난 삼각형의 높이는 $6\times2=12$(m)입니다.

18 상

단계별 힌트

1단계	㉠의 넓이를 이용해서 삼각형 ㄱㄴㄷ의 넓이를 구할 수 있습니다.
2단계	㉠과 넓이가 같은 삼각형부터 찾아봅니다. 밑변의 길이와 높이가 같으면 넓이가 같다는 사실을 이용합니다.
3단계	선분 ㄱㄷ을 삼각형의 밑변으로 삼을 경우, 선분 ㄴㄹ이 삼각형 ㄱㄴㄷ의 높이입니다. 따라서 (삼각형 ㄱㄴㄷ의 넓이)=(선분 ㄱㄷ)×(선분 ㄴㄹ)÷2입니다.

다음과 같이 삼각형들을 만든 후, ㉠의 넓이를 사용해 다른 삼각형들의 넓이를 추론해 나갑니다.

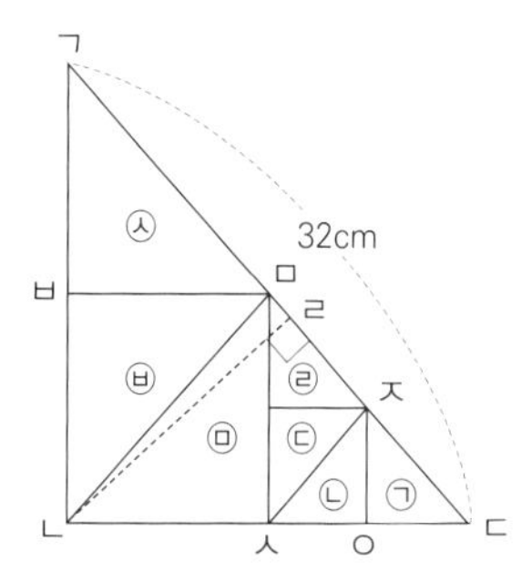

1. ㉠과 ㉡은 높이가 같습니다. 또한 점 ㅇ은 변 ㅅㄷ을 이등분한 선이기 때문에 밑변의 길이도 같습니다. 따라서 ㉠과 ㉡의 넓이는 $8cm^2$로 같습니다.

2. ㉠+㉡과 ㉢+㉣은 높이가 같습니다. 또한 점 ㅈ은 변 ㅁㄷ을 이등분한 선이기 때문에 밑변의 길이도 같습니다. 따라서 ㉠+㉡과 ㉢+㉣은 넓이가 같습니다.

㉠+㉡=8+8=$16cm^2$이므로 ㉢+㉣의 넓이도 $16cm^2$입니다.

그러므로 ㉠+㉡+㉢+㉣=16+16=32(cm^2)입니다.

3. 같은 방법으로 ㉤의 넓이는 ㉠+㉡+㉢+㉣과 같은 32(cm^2)임을 알 수 있습니다. 따라서 ㉠+㉡+㉢+㉣+㉤=32+32=64(cm^2)입니다.

4. 같은 방법으로 ㉥+㉦의 넓이는 ㉠+㉡+㉢+㉣+㉤의 넓이와 같은 64(cm^2)임을 알 수 있습니다.

5. 따라서 삼각형 ㄱㄴㄷ의 넓이는 ㉠+㉡+㉢+㉣+㉤+㉥+㉦ =64+64=128(cm^2)입니다.

6. 변 ㄱㄷ의 길이가 32cm이므로, 삼각형 ㄱㄴㄷ의 밑변을 변 ㄱㄷ으로 삼고 높이를 변 ㄴㄹ으로 삼았을 때 삼각형의 넓이를 구하는 식은 다음과 같습니다.

32×(변 ㄴㄹ)÷2=128(cm^2)

→ 16×(변 ㄴㄹ)=128(cm^2)

→ (변 ㄴㄹ)=128÷16=8(cm)

19 하 단계별 힌트

1단계	마름모의 넓이를 구하는 공식은 무엇입니까?
2단계	(마름모의 넓이)=(한 대각선)×(다른 대각선)÷2

(마름모의 넓이)=(한 대각선)×(다른 대각선)÷2이므로, 빈칸을 □로 놓고 식을 세워 보면 다음과 같습니다.

119=□×17÷2

→ 238=□×17

→ □=14(cm)이므로 답은 ④번입니다.

20 중 단계별 힌트

1단계	직사각형의 세로의 길이는 얼마입니까? 넓이 공식을 이용해 봅니다.
2단계	직사각형의 가로의 길이를 구하는 식을 세워 봅니다.

겹치는 부분의 넓이가 10cm이므로,

세로의 길이는 10÷2=5(cm)입니다.

또한 한 직사각형의 가로의 길이는 (12−2)÷2+2=5+2=7(cm)입니다.

직사각형 1개의 넓이는 5×7=35(cm^2)입니다.

실력 진단 결과

채점을 한 후, 다음과 같이 점수를 계산합니다.

(내 점수)=(맞은 개수)×5(점)

내 점수: ______ 점

점수별 등급표

95점~100점: 1등급(~4%)

85점~90점: 2등급(4~11%)

75점~80점: 3등급(11~23%)

65점~70점: 4등급(23~40%)

55점~60점: 5등급(40~60%)

※해당 등급은 절대적이지 않으며 지역, 학교 시험 난도, 기타 환경 요소에 따라 편차가 존재할 수 있으므로 신중하게 활용하시기 바랍니다.